犬猫癌症化疗技术

——兽医团队工作手册

Cancer Chemotherapy for the Veterinary Health Team

Kenneth Crump and Douglas H. Thamm 著

董 军 杜宏超 张 迪 主译

中国农业大学出版社

· 北京 ·

内 容 简 介

本书是兽医团队在为患有癌症小动物进行化学治疗(化疗)时的综合参考指南,简单实用地描述了犬猫癌症化疗技术,安全给予化疗药物,如何消除犬猫肿瘤治疗的错误观念,指导兽医人员进行客户教育及与客户沟通,保证工作人员安全,提高医疗质量。不论肿瘤病例有多少,这本书都可以提供工作中所需的重要信息,为宠物、客户及医院员工带来成功的化学治疗。

图书在版编目(CIP)数据

犬猫癌症化疗技术:兽医团队工作手册/(美)肯尼・克伦普(Kenneth Crump),(美)道格拉斯・H・塔姆(Douglas H. Thamm)著;董军,杜宏超,张迪主译. —北京:中国农业大学出版社,2018.4

书名原文:Cancer Chemotherapy for the Veterinary Health Team

ISBN 978-7-5655-2023-5

Ⅰ.①犬… Ⅱ.①肯…②道…③董…④杜…⑤张… Ⅲ.①犬病-肿瘤-药物疗法-手册②猫病-肿瘤-药物疗法-手册 Ⅳ.①S858.292-62②S858.293-62

中国版本图书馆 CIP 数据核字(2018)第 088024 号

书　名	犬猫癌症化疗技术——兽医团队工作手册		
作　者	Kenneth Crump and Douglas H. Thamm 著 董 军 杜宏超 张 迪 主译		
策划编辑	张秀环	**责任编辑**	张秀环
封面设计	郑 川		
出版发行	中国农业大学出版社		
社　址	北京市海淀区圆明园西路 2 号	**邮政编码**	100193
电　话	发行部 010-62818525,8625	读者服务部	010-62732336
	编辑部 010-62732617,2618	出 版 部	010-62733440
网　址	http://www.caupress.cn	**E-mail**	cbsszs @ cau.edu.cn
经　销	新华书店		
印　刷	涿州市星河印刷有限公司		
版　次	2018 年 8 月第 1 版　2018 年 8 月第 1 次印刷		
规　格	850×1 168　32 开本　5.625 印张　141 千字		
定　价	98.00 元		

图书如有质量问题本社发行部负责调换

著作权合同登记图字：01-2018-3375

撰稿者

Erin Allen, MSSW, Argus Institute, Clinical Sciences Colorado State University, Fort Collins, CO

Richard Allen, RPh. , Diplomate TCVP, Colorado State University, Fort Collins, CO

Gail Bishop, BS, Argus Institute, Clinical Sciences, Colorado State University, Fort Collins, CO

Kenneth Crump, AAS, AHT, Payson, AZ

Douglas H. Thamm, VMD, DACVIM (Oncology), Associate Professor of Oncology, The Animal Cancer Center, Colorado State University, Fort Collins, CO

前　　言

在美国每年有超过 120 万只犬被诊断患有癌症，这并不比美国癌症协会估计的每年有 140 万人被诊断患有癌症少多少。当前，动物有许多与人类相同的治疗癌症方案可以选择。越来越多的主人花费金钱和感情帮助他们的宠物抗争疾病，继续活下去。

在以前，全科兽医师可能会将癌症病例转诊给肿瘤专家，但是他们现在会选择与专家一同为患病动物提供方便和最佳的化疗方案。这促进了小诊所开始开展化学治疗，目前可以买到成本合理的高效的化疗防护设备，以降低人员暴露于细胞毒性药物的概率。这些设备并不复杂，经过简单培训后即可使用。

与人类癌症护理相比，兽医技术人员提供的护理差距很大且兽医技术人员很难获得培训机会。执业护士可以获得肿瘤学高级护理学位，并进行进一步专业认证。肿瘤护理专业的学生可接触到最新的癌症预防和早期发现的方法。他们还可以在课堂上听到相关领域专家的临床经验。相比之下，无论是在大型专业转诊医院还是在小诊所的兽医技术人员，都是在工作中学会如何进行化学治疗。

本书是第一本为兽医技术人员和那些担任兽医技术工作的人们撰写的手册，该手册简单实用地描述癌症动物的管理。我们总结了有关患病动物、客户和癌症化疗最新的信息，并将其分成章节。每个章节开始附有重点，以帮助快速获得使用信息。

本手册是安全给予化疗药物的一个综合参考指南。它指出了小动物肿瘤治疗的错误观念，指导技术人员如何进行客户教育及与客户沟通，保证人员安全，并提高了医疗质量。兽医技术人员在患有癌症宠物的诊断和治疗中发挥核心作用。不论癌症病例有多少，这本书都可以提供实践中所需的重要信息以解开不愉快的循环，为宠物、客户及医院员工带来成功化疗的经验。

Kenneth Crump
Douglas H. Thamm

致　谢

没有众多团队的合作，以及一些致力于宠物癌症治疗的医生、技术人员及客户的直接或间接贡献，这本书无法完成。除了这些人，作者还要感谢 Polly Webb、Carol Heun、Evan Kim-Thamm、Dr. Kelly Carlsten、Elizabeth Atencio、Jay Oaks、Charlie Kerlee 和“Samantha”的摄影协助。Wiley-Blackwell 的 Chelsey Walden-Schreiner 和 Erica Judisch 的热心指导及鼓励。

目　录

1　消除小动物肿瘤及其治疗的错误观念

Douglas H. Thamm

要　　点

- 癌症是一种疾病，有时我们可以治愈
- 对于肿瘤治疗，最危险的四个字是“继续观察”
- 手术前诊断十分重要
- 通常能被看到和感知到的肿瘤只是“冰山一角”
- 动物的化疗反应与人类不同
  - 少或没有严重的副作用
  - 大多数犬猫不会因为化疗而脱毛
- 越早开始化疗，化疗的效果越好
- 放疗是一种局部治疗方法
  - 不会发生恶心、疲劳或骨髓抑制等副作用
  - 宠物不会在放疗后具有放射性

引　　言

如果动物被诊断出肿瘤，会对主人造成很强的恐惧感。癌症宠物的主人通常会将动物的癌症治疗与自己、朋友或家人的肿瘤

治疗相比较。在告知主人其宠物患有肿瘤和讨论肿瘤治疗方案时，让主人明白动物癌症治疗不同于人类癌症治疗，这一点至关重要。在选择患有癌症的犬或猫的治疗方案时，主人通常希望做出明智的选择，且通常希望兽医技术人员帮助他们做出选择。

本章主要介绍了一些主人对于动物癌症和动物癌症治疗的常见问题，以及回答这些问题的建议。本章主要以问答形式展现，回答后附有解释和注释。

一般信息，治疗前的诊断和分期

客户：对于动物，癌症真的是严重的问题吗？

技术人员：很不幸，是的。癌症是犬最常见的死亡原因，猫第二或第三常见的死亡原因。约50%的犬和30%的猫在一生中会患上某种肿瘤。

客户：为什么好像越来越多的宠物发生癌症？

技术人员：更好的医疗＝长寿。癌症是年龄相关疾病，更多的宠物因长寿患上老年相关性疾病。

解释

宠物的日常生活管理（营养、传染病、寄生虫、室内饲养宠物和牵遛）越来越好，它们越来越长寿，发生老年相关疾病越来越多，如心脏病、肾病、内分泌疾病和癌症。此外，现在对于宠物癌症诊断和宠物癌症治疗选择的报道越来越多。

客户：是不是环境引起宠物患上癌症？是我饲喂的食物有问题吗？

技术人员：对于大多数癌症，我们并不知道其确切诱因。

解释

有一些特定肿瘤可能与环境存在关系。例如，有人指出犬淋巴瘤与农业化学品或生活在城市中有关。犬间皮瘤与石棉有关。二手烟可能引起猫肠道淋巴瘤。但是大多数情况下，这些关系需要进一步调查。因此，据我们所知食物添加剂、草坪化学药品、杀虫剂或宇宙射线并不能显著增加大多数动物癌症的发病风险。

客户：“癌症”与“肿瘤”的区别？

技术人员：实际上没有差异。两者都是指细胞过度增殖引起的异常肿物，它们已经变得混乱，不再对正常细胞停止增殖的信号响应。

客户：“良性”与“恶性”肿瘤的区别？

技术人员：恶性肿瘤指具有深入侵袭周围组织和/或机体其他部位的肿瘤。良性肿瘤不转移，且不深入侵袭。相对于恶性肿瘤，小手术能更好地治疗良性肿瘤。

客户：为什么我要治疗我的犬的癌症？

技术人员：在某些情况下，癌症是一种我们可以治愈的疾病。癌症与心脏病、糖尿病及其他内分泌疾病一样，是一种慢性疾病。我们通常会对患有其他无法治愈的慢性疾病的动物进行治疗。即使对于无法治愈的病例，通过治疗也有很多方法延长宠物高质量的生存期。

客户：为什么我们不能只观察肿瘤，看接下来会发生什么？

技术人员：对于癌症治疗，最危险的四个字就是“继续观察”。我们越早地知道它是什么，我们就可以越快地进行合适的治疗。

解释

主人有可能询问为什么要进行细针抽吸或活检，而不是简单地观察肿物的变化。总的来说，推迟诊断只会增加治疗难度，因为推迟会造成肿瘤生长。这意味着更大、更复杂、风险更高或更昂贵的外科手术。对于多种重要的动物癌症，更大的肿瘤意味着预后更差。你处理的肿块可能是良性的，但是如果是恶性的，是时候开始行动了。

客户：细针抽吸或活检会不会“激怒”肿瘤，增加转移风险？

技术人员：不会。细针抽吸或活检不会增加转移风险。

解释

此规则不适用于以下情况：

(1)因释放组胺，一些肥大细胞瘤在细针抽吸后会变“愤怒”，但这并不增加转移风险。组胺引起的肿胀通常不会很严重，并且可以通过使用抗组胺药物预防和治疗，如苯海拉明。

(2)不建议对脾脏和膀胱进行细针抽吸或穿刺针活检，因为会增加肿瘤腹腔局部扩散和/或活检通道转移的风险。在这些情况下，肿瘤可以通过出血种植于腹腔(脾脏)或由细针抽出腹壁时种植于体腔壁(膀胱)。在怀疑或已知动物患有膀胱癌时，应避免膀胱穿刺收集尿液。

(3)对于皮肤或皮下肿物，有计划地进行细针抽吸和活检十分重要，可以在手术的同时切除活检通道。这样可以防止在活检通道上出现肿瘤复发。

客户：为什么我们不可以直接切除肿瘤？为什么我们需要先细针抽吸或活检？

技术人员：在手术之前知道肿瘤的性质，有助于我们确定肿瘤切除的范围和在切除前是否还需要进行其他检查。

解释

在手术前获得诊断，可以让兽医知道在手术前是否需要进行更多的检查和有助于制订手术计划，还有助于避免“为什么我们在手术前需要X线检查?”和“为什么还要做第二次手术，为什么没有在第一次手术时将肿瘤完全摘除?”等问题。如果需要通过手术确诊肿瘤，我们需要明确告知客户这只是为了确诊的另一项检查。基于诊断性手术的结果，可能需要更多的检查或治疗。

客户:我们已经进行了手术，是不是就足够了？为什么我们不能只等待，看会不会复发?

技术人员:如果恶性肿瘤没有被完全切除(又称污染性切除)，复发率极高，复发的肿瘤会更难治疗。

解释

对于肿瘤未完全切除的病例，通常建议再次手术或放疗等附加治疗。肥大细胞瘤、口腔黑色素瘤和其他怀疑为恶性肿瘤的原位复发(在术后肿瘤复发)提示预后不良。因此，如果肿瘤没有完全切除，应在第一时间进行积极的治疗。

客户:为什么非要现在治疗，而不是等待，观察肿瘤是否转移?

技术人员:越早开始化疗，化疗的效果越好。化学治疗药物可以杀死在肺部和淋巴结的微小转移灶，从而延缓肿瘤转移。相比于杀死微小转移肿瘤灶，化学治疗药物很难缩小大的肿瘤灶。

解释

一般来说，对高转移风险肿瘤进行化疗的目标是改善和延长宠物的生存。化疗对于微小的肿瘤灶效果更好。例如，截肢后立即进行化疗的骨肉瘤患犬的平均生存期，是截肢后等待肿瘤转移再开始化疗动物的2倍。

癌症手术

客户:对于这么小的一个团块,为什么需要这么大的手术?

技术人员:通常能看到和感觉到的肿瘤只是“冰山一角”。

解释

许多恶性肿瘤,可以从肿瘤主体中延展出许多微小的触手(图1.1)。如果进行小范围手术,仅切除可见或可感知的肿物,残留的触手会造成复发。将肿瘤主体及周围组织一起切除(包括肿瘤下面的组织),会增加一次性完全切除肿瘤的可能性。这最大限度地降低了肿瘤复发的可能性。

为考虑癌症手术的客户画一个类似的示意图(图1.1)有助于解释为何要广泛地切除正常组织。图1.1A中可以看到和感觉到的肿瘤主体周围,有很多微小的“触手”。如果仅对可见和可感知的肿瘤进行切除(图1.1B),随着时间推移肿瘤边缘残存的触手有可能再长出新的肿瘤(图1.1C)。如果进行包含肿瘤周围和其下

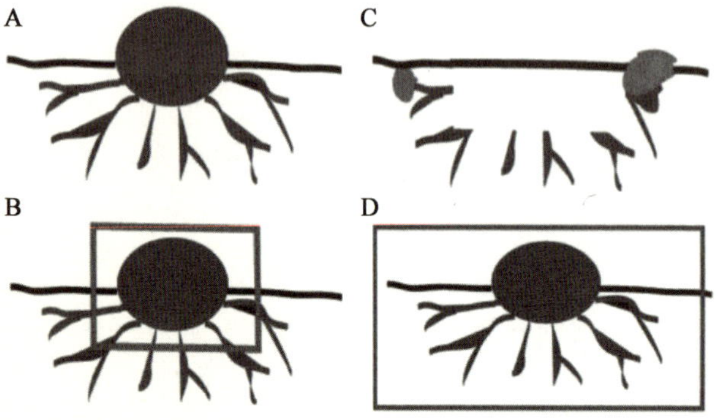

图1.1 恶性肿瘤生长示意图。

部表现正常组织的大范围切除，则有望最大限度地一次性切除包括触手在内的所有肿瘤组织（图 1.1D）。

客户：为什么要进行组织病理学检查？为什么不切下肿瘤，然后把它扔掉？

技术人员：如果我们不知道我们切除了什么，我们无法判断预后。我们不知道肿瘤是否会复发或转移，或我们是否需要进一步检查或治疗。

解释

如果它值得被切除，它就值得在显微镜下评估。参考上面所述的“仅等待和观察”，来回答“为什么我们不能等待肿瘤复发，再做组织学检查？”同时，应送检整个肿块而不是肿块的一部分或肿块的碎片，因为送检整个肿块可以评估手术边缘。

化学治疗

客户：我的叔祖母 Harriet 做过化疗，她一直觉得化疗十分痛苦。我不会同意对我的犬做化疗！

技术人员：绝大多数用于治疗动物的化疗药物就是人类化疗药物。但是为了减少副作用的风险，动物使用的剂量较低，同时使用的药物组合较少。

解释

目前，少于 1/3 的动物在接受了常规化疗后出现不良副作用。少于 5%的动物出现严重的副作用。相对于犬，猫的严重化疗副作用更少。如果动物因严重的副作用需要住院治疗，通常可以在 24～72 小时好转并出院。如果出现不良副作用，可以通过减少剂量、使用替代药物或使用额外的药物预防不良副作用再次发生。通过这些方法，可有效地预防90%的副作用再次发生。由化疗引起的死亡小于1/200。更多化疗副作用的信息参见第7章。

客户：好的，如果我的宠物不幸发生了副作用，会出现什么样的副作用？

技术人员：副作用表现多种多样，但在家最常见的副作用是出现几日的消化不良——一些动物会有食欲下降、轻度的恶心/呕吐或软便。一些动物可能出现与白细胞减少有关的问题。我们会经常进行血细胞计数，以确保不会因白细胞降低而引起危险。

解释

是否出现副作用和副作用的表现因药物而不同。一般来说，最常见的副作用与消化道相关。消化道的症状与食入垃圾的动物类似。出现胃肠道副作用的动物需要几天的清淡食物，或在家使用止吐或止泻药物。通常这些症状不会超过3～5天。一些患病动物可能会出现严重的呕吐/腹泻（不能吃下任何东西，虚弱/脱水）。有些患病动物可能会出现白细胞计数降低。我们会经常进行血细胞计数，且通常白细胞不会降低到危及生命的程度。危及生命的白细胞降低会增加宠物出现细菌感染的风险。一些病例，患病动物可能需要在家服用抗生素。可能需要推迟化疗几天，以让白细胞可以恢复。更多信息参见第7章化疗药物的副作用。

客户：我不希望动物脱毛？

技术人员：很幸运，大多数犬和猫不会因为化疗而脱毛。

解释

确实有一些品种的犬会因化疗而大量的脱毛。这些犬通常是毛发连续生长且需要经常修剪的品种（贵宾、雪纳瑞等）。完全脱毛十分罕见。其他品种仅少量脱毛或不脱毛。也就是说主人可能在家中发现更多的毛发，长毛的品种会更明显。常规梳毛有助于减少房屋毛发增多。猫的胡须和长的刚毛会脱落。犬和猫，剃毛部位的毛发再生会比预期的缓慢。化疗引起的脱毛仅是影响美观，并不会造成瘙痒或痛苦。通常在化疗结束约 1 个月后毛发会再生。

客户：我不希望宠物和我患有癌症的叔叔一样，数周/月/年不停地住院出院。

技术人员：几乎所有的宠物化疗是在门诊进行的，整个治疗只需几个小时。绝大多数的治疗是通过快速注射或短暂静脉注射而不是长时间静脉注射(有例外)。几乎不需要过夜观察。许多涉及一系列治疗的方案，需要治疗后的仔细观察。常规的治疗方案不会一直持续化学治疗。

客户：我的家庭/客人/房屋/其他宠物会被污染吗？

技术人员：尿液和粪便对主人有轻微风险。很少有药物的排除超过 48～72 小时。人们已知的生活常识能为家人提供足够的防护。若动物在化疗后 48～72 小时内在屋内排泄，使用洗涤剂和水彻底清洗。在清洗尿液或粪便时应佩戴手套，清洗的废水倒入厕所。日常的互动对于维持宠物的生活质量十分重要。梳毛、玩耍、抚摸或接触食盆和水盆没有暴露于化疗药物的风险。

客户：宠物喜欢在房屋边上的池塘游泳。它在接受化疗后还可以游泳吗？

技术人员：当然可以。接受化疗的动物不需要任何的活动限制。它们可以游泳、远足、慢跑、去犬公园等。我们希望我们的宠物仍然能够做所有的事情，维持他们的生活质量！

客户：我需要在家里给予动物化疗药。有什么我需要特别注意的吗？

技术人员：在给予化疗药时佩戴手套十分重要，而且不能压碎或分割化疗药，或打开化疗药的胶囊。同样，化疗药不能以液体的形式给予。所有的这些做法都会增加暴露于药物的风险。

客户：对于治疗，她的年龄是否太老了？

技术人员：我们治疗的患有癌症的动物绝大多数是老年犬。我们所知道的关于癌症治疗的有效性、生存期和耐受性的一切都基于老年患病动物。

解释

年龄不是疾病！比年龄更重要的是患病动物的整体健康状态（如心脏、肝脏、肾脏）和他们的精神状态。我们经常花费额外的时间和金钱来检查癌症患病动物的身体状况（血液化验、胸腔X线片等）。通过这些，我们确保动物没有干扰癌症治疗或比治疗癌症更重要的年龄相关疾病。

客户：我们是否要给予宠物特殊的食物？

技术人员：我们通常建议饲喂原来常吃的食物。更换食物会增加胃部不适的风险。

解释

目前所知，没有某种食物对癌症患病动物更好。我们可能建议对于进行性体重降低的癌症患病动物给予高能量食物。在化疗的动物应避免给予生肉，正常动物因食入生肉感染细菌的风险很低（但不是0），但是在接受化疗的动物其风险可能增高。

客户：那么我们的选择是什么？是做化疗还是安乐死？

技术人员：通常会有多种治疗选择。相对于其他治疗，有些可能会更复杂或更昂贵，但是没有一项选择适用于每个动物或每个主人。

解释

一般来说，癌症治疗不是一个简单的非此即彼的问题。对于多数肿瘤，根据患病动物的健康状态、居住地与医院的距离、经济状况和副作用风险有多种治疗选择。例如，治疗犬淋巴瘤，治疗方案有单独使用泼尼松、泼尼松加多柔比星、联合使用环磷酰胺、长春新碱和泼尼松或威斯康星大学的联合化疗方案。它们的花费、风险和副作用及需要就诊的次数都不同。当然它们的疗效也不同。

放　疗

客户：对于我的犬的放射治疗是什么？

技术人员：放疗是一种局部治疗，常用于治疗不易发生转移的肿瘤。这包括无法切除的肿瘤，或没有完全切除可能会复发的肿瘤。我们还可以通过放疗减轻某些肿瘤引起的疼痛，从而改善动物生活质量。

解释

放疗是一种局部治疗方法，对于某些肿瘤十分有效。局部疾病意味着肿瘤具有更高的侵袭性和浸润性，复发率高，但是扩散到机体其他部位的风险较低。以下是主要的四种使用放疗的方法：

(1)在肿瘤未完全切除的术后，如低或中等分级的肥大细胞瘤；软组织肉瘤，如猫疫苗相关肉瘤；一些口腔肿瘤和肛周肿瘤。

(2)在一些肿瘤特别大或已发生侵袭的病例，术前放疗使肿瘤更容易切除。

(3)对于一些肿瘤，作为主要治疗方法，如鼻腔和脑肿瘤。

（4）对于高转移性肿瘤，当疼痛、肿胀或进食饮水困难危及生命时，放疗可以改善生活质量，如骨肉瘤和恶性黑色素瘤。

客户：放疗是如何工作的？

技术人员：放疗是高能量的诊断射线。辐射束由电能产生，专门针对肿瘤。大多数情况下，需要多次小剂量的辐射以使正常组织能够愈合，同时尽可能多地杀伤肿瘤组织。

解释

大多数“根治”或“完整”的放疗方案为10～25次的放疗，周一至周五或每周3次进行，持续数周。虽然这些治疗可以在门诊进行，但因为交通原因许多动物住院接受放疗。多数“姑息”或“粗分割”放疗为1～7周，每周一次的放疗，通常在门诊进行。

客户：动物会因放疗而呕吐吗？

技术人员：放疗是一种局部治疗。辐射只传递到疾病部位。因此一般不会发生如恶心、疲劳或骨髓抑制等副作用。但是每次治疗都需要短暂的麻醉或深度镇静以确保放射正确作用于病灶。动物有可能因麻醉出现全身性不良反应，但是对于其他器官正常的动物，这种情况很罕见。

客户：什么是放射烧伤？

技术人员：接受放疗的动物会在放射部位出现类似晒伤的损伤，但这是暂时性的。这些“急性反应”通常直到治疗开始的第二或第三周才出现，在放疗结束后的2～4周消失。

解释

放疗引起的局部副作用可从轻微红肿至潮湿、渗出、疼痛或皮肤溃疡。许多动物需要佩戴伊丽莎白圈防止自我损伤。同时它们可能需要口服抗生素和/或止痛药。在放疗结束后，受到辐射的皮肤可能永久性无毛或仅生长出少量毛发。此外，受到辐射区域的毛可能会变成白色。除了因鼻腔、口腔或脑肿瘤放疗而辐射到眼睛，放疗很少出现长期副作用。受到辐射的眼睛可能会出现白内障，干燥性角结膜炎（干眼症），或同时出现两种疾病。

客户：宠物回家后会有放射性吗？

技术人员：没有，当犬回家后不会给主人带来任何风险。

解释

动物标准放疗是外离子束，这意味着辐射来源于外部的照射，它与诊断的X射线是一样的。辐射由电能产生。当机器关闭时，不会有任何辐射产生。接受放射治疗的动物不会对他们的主人健康造成危险。它们不具有放射性。

总　　结

主人对于患有癌症的宠物治疗有很多问题是正常的。与主人探讨动物肿瘤和肿瘤的治疗有助于帮助他们决定如何最好地对待他们的宠物。许多主人想要知道所探讨的治疗是否对于他们的宠物“太痛苦”。相对于兽医，有时宠物主人会向技术人员询问更多或不同的问题。能够对主人进行癌症和癌症治疗的教育将有助于宠物接受治疗，以尽可能维持动物健康愉快的生活。

补充阅读

Chun R，Garrett L，MacEwen EG. 2001. Cancer chemotherapy. In：Withrow SJ，MacEwen EG（eds.），*Small Animal Clinical Oncology*（3rd Ed.）. Philadelphia：Saunders，pp. 92-118.

Harvey A, Butler C, Lagoni L, Durrance D, Withrow SJ. 2001. A bond-centered practice approach to diagnosis, treatment and euthanasia. In: Withrow SJ, MacEwen EG (eds.), *Small Animal Clinical Oncology* (3rd Ed.). Philadelphia: Saunders, pp. 672-682.

Moore AS. 2002. Radiation therapy for the treatment of tumours in small companion animals. *Vet J* 164(3):176-187.

Thamm DH, Vail DM. 2007. Aftershocks of cancer chemotherapy: Managing adverse effects. *J Am Anim Hosp Assoc* 43: 1-7.

Thrall DE. 1997. Biologic basis of radiation therapy. *Vet Clin North Am Small Anim Pract* 27(1):21-23.

Withrow SJ. 2001. Why worry about cancer in pets? In: Withrow SJ, MacEwen EG (eds.), *Small Animal Clinical Oncology* (3rd Ed.). Philadelphia: Saunders, pp. 1-3.

2 癌症基本知识

Kenneth Crump

癌细胞的实质是为了生长而生长。

——作家和环保主义者,Edward Abbey

要　　点

- 并不是所有的肿瘤都是癌症
  - 肿瘤可以是良性、癌前病变或恶性
  - 根据定义,癌症为恶性
- 癌症的三个标准特征是:不受控制地生长、侵袭和转移
- 多步癌变指由正常细胞变为癌症细胞的过程
  - 多步癌变最基础的阶段为:启动、促进、发展
- 除了局部的组织侵袭外,当癌症扩散到身体的其他部位时,称为转移
  - 癌症的转移需要经过多个步骤并克服机体的防御机制
- 兽医常见的癌症种类为:癌、肉瘤和造血系统肿瘤
- 根据肿瘤的分级和疾病的分期制订治疗计划
  - 分级是由肿瘤组织与其起源组织相似度决定的
  - 分期是由肿瘤大小、位置、肿瘤数量和肿瘤扩散至淋巴结及其他组织的程度共同决定

引　言

总的来说，癌症是生长不受控制的细胞。为了更好地了解癌症，我们首先要了解肿瘤是如何形成的。通常情况下，细胞的生长和分裂有序且受控制。在正常情况下，多重固有机制维持着机体细胞增殖和内部程序性死亡（凋亡）之间的平衡。机体严格调控这两个过程，以确保机体器官和组织的健康。但有些情况下，在机体不需要新细胞时细胞仍持续增多。细胞 DNA 的改变和突变可改变细胞增殖和影响有序的细胞死亡平衡，导致细胞正常调节的改变。由于细胞不受控制生长形成的肿物称为肿瘤。几乎所有类型的正常细胞均可发生以上的变化，最终形成肿瘤。

虽然所有的癌症都是肿瘤，但并不是所有的肿瘤都是癌症（或恶性肿瘤）。在本章，我们将探讨什么使肿瘤变为恶性，细胞癌变的过程，不同癌症的分级，癌症如何转移以及如何利用肿瘤的分级和分期进行预后判断及癌症治疗。

肿瘤与癌症

虽然所有的细胞都有可能形成肿瘤，但不是所有的肿瘤都会变为恶性肿瘤或癌症。在机体内发生无数的 DNA 改变和突变一直在发生，细胞可以识别和修复这些遗传错误，防止大多数潜在突变持续存在。但当细胞无法修复错误细胞持续增殖形成肿物时，即形成了肿瘤。肿瘤不是癌症的同义词。肿瘤可以为良性、癌变病变或恶性。根据定义，癌症是恶性的。

良性肿瘤，有限的非侵略性生长，不侵袭周围组织和转移到机体其他部位。“良性”意味着温和的进行性疾病，大多数良性肿瘤对病人的健康无害。但因为肿瘤的位置或大小，一些良性肿瘤因为“肿物”效应而产生负面影响。如尾根处大的良性肿瘤会影响排便。肿瘤本身不对患病动物健康造成危险，但其大小和位置会影响日常功能。一般出现以下情况时应对良性肿瘤进行切除：①如果肿瘤快速生长；②动物因肿瘤困扰；③主人因肿瘤而困扰。

癌前病变是有可能成为恶性肿瘤的非恶性组织。如果不治疗，癌前病变发展成为癌症的风险会显著增加。癌前病变转为恶性肿瘤，通常需要数年的积累以及多基因的改变。在这期间，它的生物学表现会从正常逐渐转变成癌症。通过临床和实验室检查可早期诊断癌前病变，从而有效地预防其转为癌症。根据癌前病变诊断，选择合适的治疗方案。

恶性肿瘤的恶性程度会越来越高并可能导致死亡。它们的主要特征有三个：不受控制地生长、侵袭和转移：

• 恶性肿瘤从根本上改变了自身的生长调节。正常细胞变成恶性肿瘤必须伴随调节细胞增长基因的改变。那些抑制肿瘤细胞分裂和生存的固有抑癌基因，通常也会出现改变。通过这些方式，恶性肿瘤细胞变为永生，且不受控制地生长。

• 侵袭是指对临近组织的侵入和破坏。良性肿瘤因大小和位置产生的“肿物效应”而影响患病动物的生活，而恶性肿瘤是浸润周围组织。浸润会造成周围正常组织的破坏，这可能会导致疼痛；肿瘤位置固定，限制肿瘤活动性；或器官功能障碍。肿瘤侵袭可影响机体任何器官的结构和功能。

• 转移是指肿瘤离开了原发部位，扩散到机体的另一个位置。转移的位置和途径由肿瘤起源组织决定。

• 癌症和恶性肿瘤是同义词。

多步癌变

正常细胞成为肿瘤细胞并非易事，转化成癌症细胞就更加困难。正常细胞变为癌细胞的过程称为癌变。DNA 突变造成了正常细胞的癌变。癌变通常需要一个以上的突变。事实上，正常细胞变为癌细胞需要一系列的突变，所以称为多步癌变。多步癌变的三个基本阶段为：启动、促进、发展。

第一步：启动

第一阶段启动，细胞内出现不可逆的 DNA 改变。这个改变可能是随机的或是致癌物破坏了细胞 DNA。在一次暴露于启动事件后，如果细胞不能修复 DNA 损伤，那么细胞很容易成为一个肿瘤细胞。如长时间暴露于阳光下就是一个启动事件。因为多步癌变需要数年的过程，所以你有可能会忘记当初在夏令营的晒伤造成了多个皮肤细胞的癌症启动。但是，单纯的启动事件并不能将体细胞转换为癌细胞。

第二部：促进

在第二个阶段，启动细胞加速生长和快速分裂，随后变为一群细胞。在反复暴露于促进事件后，细胞会发生形态和结构的改变，且再生速率增加。在人类，吸烟是一种促进事件。幸运的是，处于促进阶段的多步癌变是可逆的，如事实证明肺部损伤可在戒烟后恢复。

第三步：发展

多步癌变的第三个阶段被称为发展。这一步是正常细胞的

“不可逆点”。在发展过程中，经历了启动或促进阶段的细胞 DNA 出现进一步的不可逆变化，从而变成恶性肿瘤细胞。以下是 Hanahan 和 Weinberg 在他们“The hallmarks of cancer”文章中对于恶性肿瘤的表述：

肿瘤细胞

- 获得自我增值信号，从而不受控制地复制
- 忽略正常生长抑制的细胞，也导致不受控制的复制
- 在存在 DNA 错误的情况下，克服细胞程序性死亡（凋亡）继续生长
- 获得无限增值的能力（永生）
- 促进血管形成，以提供氧气和营养，使肿瘤突破营养限制
- 侵袭周围组织
- 超越局部侵袭，扩散到机体其他部位（转移）
- 失去 DNA 修复能力，导致遗传不稳定，加速了所有其他的变化

因此，正常细胞变为肿瘤至少要经历两次不可逆的复杂改变，一次是启动阶段，一次是发展阶段。促进阶段是可逆的，但它改变了启动细胞，提高了启动细胞进入发展阶段的概率。

转　　移

当恶性肿瘤（癌症）超越局部侵袭，扩散至机体其他部位称为转移。转移过程是个复杂的生存游戏，其复杂性超过任何电视真人秀。为了形成远端转移灶，转移肿瘤细胞必须存活、克服宿主挑战和完成复杂的任务。这一系列过程称为转移阶梯反应。癌症要成功转移，必须克服机体的防御机制，并经过所有以下的 7 个步骤。

第一步:脱离

转移阶梯反应第一步是细胞从原发肿瘤块上分离。细胞必须在不与周围细胞接触的情况下存活,这对正常细胞十分困难。

第二步:侵入

一旦脱离,肿瘤细胞须寻找方法进入血液或淋巴循环系统。

第三步:逃避宿主防御

在血管或淋巴管内,肿瘤细胞必须经受住身体的一系列免疫系统细胞的攻击。

第四步:滞留

从免疫系统的攻击中存活下来后,转移性肿瘤细胞必须在其靶器官的小血管和毛细血管中滞留。不同类型的癌症有不同的转移靶器官。

第五步:黏附

一旦转移的肿瘤细胞滞留,它必须寻找方法黏附于所滞留的管壁。

第六步:穿出

充分的滞留和黏附后,肿瘤细胞必须通过自己的方式穿过血管或淋巴管壁的细胞外基质。这个过程与第二步类似,但方向相反。

第七步:形成新肿瘤

一旦它们通过血管壁进入细胞外基质,癌细胞就必须存活并增殖形成另一个肿瘤。在新肿瘤可被检测到前,需要经过多次复制。例如,一个约鹰嘴豆大小的肿瘤(约 1 厘米)有 10 亿个细胞。

癌症分类

癌症可根据推定的起源组织进行分类。在兽医临床常见的恶性肿瘤为癌、肉瘤和血液系统肿瘤。

癌

上皮细胞形成的恶性肿瘤成为癌。机体上皮细胞覆盖表面、体腔和形成腺体。

如皮肤细胞、肠道细胞以及乳腺和唾液腺的细胞都是上皮细胞。癌是人类中最常见肿瘤,一般扩散(转移)至第一个区域引流淋巴结,随后远端转移。常见的人类癌症有乳腺癌、前列腺癌、肺癌和结肠癌。

肉瘤

起源于结缔组织的恶性肿瘤成为肉瘤,如脂肪、肌肉、软骨、骨。肉瘤通常通过循环系统转移。在兽医临床常见的肉瘤有骨肉瘤、血管肉瘤和纤维肉瘤。

血液系统肿瘤

它是来源于造血系统的恶性肿瘤,包括淋巴瘤、白血病和肥大细胞瘤。

一般来说，良性肿瘤和恶性肿瘤使用不同的名称，使其可通过名字区分。例如良性肿瘤称为瘤。如果一个患有巨大肿瘤的患者被诊断为脂肪瘤，你可以通过它的名字为××瘤判断此肿瘤为良性。恶性肿瘤通常称为肉瘤或癌。所以，骨肉瘤是恶性的。但是这些规则也有例外，黑色素瘤和淋巴瘤虽然以瘤命名，但是它们是恶性肿瘤。

分级和分期

通过分级和分期对癌症进一步分类，以帮助预测其生物学行为、转移概率及患病动物预后。肿瘤的病理学分级和临床分期直接影响治疗方案。

分级

肿瘤的分级由肿瘤细胞与其起源组织的相似度决定。在显微镜下肿瘤细胞与其祖代组织正常细胞越相似，它的行为就有可能更像其祖代细胞。与起源组织的相似程度成为分化度。肿瘤分化度越高，其与起源组织越相似。

根据显微镜下的形态，病理学家通常将肿瘤分为四个等级：1、2、3 级和有时出现的 4 级。1 级肿瘤细胞高分化，它们接近于其起源组织，通常生长缓慢且仅轻度侵袭周围组织。同组织来源的高等级肿瘤通常细胞结构不清晰和被认为是未分化的。这些肿瘤生长迅速，侵袭周围组织。一般来说，等级低的肿瘤提示预后更好。

分期

癌症的分级和分期容易混淆。肿瘤分期由原发肿瘤部位、肿瘤大小、肿瘤数量、肿瘤扩散至淋巴结及其以外的程度共同决定。

罗马数字Ⅰ、Ⅱ、Ⅲ和有时Ⅳ用来描述癌症分期。数字越高，疾病发展越严重。如Ⅰ期表明肿瘤仍局限于身体的一部分。Ⅳ期，疾病已经累及其他器官或者发生转移。当然，Ⅰ级提示预后更好。

结 论

多重破坏正常组织影响机体功能的恶性肿瘤被称为癌症。对于专业兽医人员，癌症只用来描述各种不受生长控制的细胞。我们根据多种标准研究、定义和分类癌症。但是简单的几个词却会给宠物主人带来极大的恐慌。对于普通人，癌症意味着他们的爱宠生命即将结束；意味着像叔叔因此失去了一条腿，表弟因此掉了头发；意味着像经过许多手术的祖母，父亲最后在对抗癌症的战争中失败。对于大多数人，癌症、手术化疗是恐惧和绝望的。治疗患有癌症的动物时，首要工作是引导主人克服恐惧和内疚的心理。我们必须以一种教育、鼓励和富有同情心的方式来展开癌症话题。

补充阅读

Argyle DJ, Khanna C. 2007. Tumor biology and metastasis. In: Withrow SJ, Vail DM (eds.), *Small Animal Clinical Oncology*(4th Ed.). St. Louis, MO: Saunders Elsevier, pp. 31-53.

Hanahan D, Weinberg RA. 2000. The hallmarks of cancer. *Cell* 100(1):57-70.

Henry CJ. 2007. The etiology of cancer: Chemical, physical and hormonal factors. In: Withrow SJ, Vail DM (eds.), *Small*

Animal Clinical Oncology (4th Ed.). St. Louis, MO: Saunders Elsevier, pp. 12-19.

Modiano J, Breen M. 2007. The etiology of cancer: Genetic factors. In: Withrow SJ, Vail DM (eds.), *Small Animal Clinical Oncology* (4th Ed.). St. Louis, MO: Saunders Elsevier, pp. 3-12.

Onn A, Fidler IJ. 2002. Metastatic potential of human neoplasms. *In Vivo* 16(6):423-429.

3 化疗前的准备

Kenneth Crump

要 点

- 意外暴露于细胞毒性药物的风险
  - 在药物配制和给药时风险最大
  - 在普通药房储存和配置化疗药物
- 用于配置化疗药物的设备和用品
  - 目前可使用 PhaSeal® 和 Onguard® 封闭式系统或类似装置
- 用于配制化疗药物的工作区域
  - 最低要求是一个小的清净的工作区域，通风良好，少有人经过
- 尽量减少失误以保护癌症患病动物
  - 提高防范意识，通过六步法减少化疗相关失误
- 化疗药物给药的设备和用品
  - 根据需要选择合适的导管
- 化学药物给药区域的准备
  - 避免因布局和分心引起意外和失误

引 言

兽医团队中的成员通常认为他们不会在工作中受到伤害。尽管采取了许多防护措施，我们中的许多人还是在不经意间将自己

或他人暴露于有害物质中。即使是无意间地暴露于细胞毒性化学治疗药物也可能造成严重的后果。

细胞毒性指对细胞具有毒性。癌症细胞在接受细胞毒性化合物治疗后可出现多种变化。细胞可能会丢失细胞膜完整性、破裂并迅速死亡；可能只是停止积极的生长和分裂；或激活程序性死亡，又称凋亡。在所有情况下，细胞毒性药物无法分辨有害的癌症细胞和正常健康组织细胞之间的差异。正常细胞暴露于这些物质，随着时间的推移，也会出现上述的变化。

在人类癌症病房工作的护士有时会出现与患者相同的化疗副作用，如恶心、头晕、慢性头痛、脱发和皮炎等。更严重的副作用有月经不调、肝损伤、不孕不育甚至流产。处理和给予化疗药物时不小心可引起上述症状。

一个在人类肿瘤病房工作的肿瘤护士在一次意外中暴露于化疗药物卡莫斯丁溶液。含有卡莫斯丁溶液的输液系统掉落在地上，所有的溶液洒在她的右手臂、腿及地板上。虽然她戴着手套，但是他的右前臂没有受到保护。溶液还渗透了她的衣服和袜子。她立即使用了肥皂和水清洗了胳膊和腿，但没有换衣服。几小时后，她开始出现轻微腹痛和打嗝，随后出现间歇性腹泻伴随腹部绞痛，之后大量呕吐，最后恢复。卡莫斯丁可以引起胃部不适，所以她的所有症状可能是药物经过全身皮肤吸收引起的。

在药物配制和给药时，意外暴露于化疗药物的风险最大。主要的暴露途径有吸入、直接接触和因药物处理不当摄入。本章对兽医在化疗药物配制和给药时必需的设备和用品做了概述。此外，我们将介绍如何设计工作环境，以尽量减少意外暴露于化疗药物的风险。

药物配制

根据美国国家职业安全与健康研究所(Occupational Safety and Health,NIOSH)的要求,所有的化疗药物的抽出、溶解、粉碎或制备必须在生物安全柜(biological safety cabinet,BSC)内或在负压无菌隔离器中进行。生物安全柜通过垂直的气流使气体离开操作人员,而不是水平气流吹向工作人员。垂直气流保护工作人员,而水平气流是为了保护无菌产品免受污染。离开生物安全柜的空气经过过滤并排向室外。隔离器主要由一个手套箱和外部通风系统组成(见第 4 章)。

但是对于大多临床兽医,这种专门的设备过于昂贵。如果没有适当的安全设备,配制化学治疗药物是非常危险的。此外,药物配制可能很复杂,需要特殊设备和用品,这些可能在大多数兽医诊所无法实现。因此,在普通药房配制和/或客户在家分割化疗药物很常见。

当药剂师为你配制化疗药物时,你要索取安全材料数据表[material safety data sheet(MSDS)]和含有药物说明的处方。MSDS 将提示你如何安全地处理药物。MSDS、药物说明和药剂师都是获得处理意外暴露处理程序以及潜在副作用、药物相互作用、注意事项或特定相关禁忌的有效途径。

在配置长春新碱时,药房技术人员不小心吸入含有药物的雾化溶液,他出现了打喷嚏、潮热、眼睛浮肿、呼吸急促、胸闷和充血等症状。他立即到急诊室就医并治疗,第二天所有症状消失。

在实践中,不应轻视配制化疗药物的过程。目前有新的性价比高的设备和用品,正确使用可以提供足够的防护。如 PhaSeal® (Baxa Corporation, Englewood, CO) 和 Onguard® (B. Braun Medical Inc., Bethlehem, PA) 这样的封闭系统或药物控制设备，可以在美国买到。这些系统由几个组件组成，可以吸收药物产生的气溶胶、防止抽药时的泄漏、进行药物的无泄漏转移，以及提供一个“干穗”样的静脉输液袋。研究表明，这些装置有效地降低了表面和人员污染。

设备和用品

标准操作流程手册

标准操作流程手册(SOP)是用来确保执行重复任务的安全性和一致性。虽然它可能包含看似多余的检查和对患病动物名称、药物名称和剂量等的复核，但你的团队和病人的安全比效率更重要。完善化疗药物配制和给药手册应让团队每个人员通读、理解和遵循。制定化疗的 SOP 时，应考虑以下问题：

- 由知识渊博的个人或委员会仔细撰写
- 简洁。一步一步地用项目符号的方法进行撰写，不应是叙事方式撰写
- 明确，包含完成实践工作中的每一个细节
- 包含有流程图或清单的图片，以提示步骤之间的相互关联
- 一个好的化疗 SOP 需要经过复审和练习才可以付诸实践

个人防护装备

想象一下，如果一个橄榄球运动员不佩戴头盔、护垫或其他个人防护设备的后果。配制和给予化疗药物的个人防护设备(PPE)如下：

- 长外衣——由一次性、低透气性织物制成，正面封闭，具有弹性的袖口

- 手套——无粉;乳胶、丁腈或氯丁橡胶;在接触化疗药物时佩戴双层手套或有标记的手套
- 当有滴溅风险时,对面部和眼睛进行防护
- 当有吸入气溶胶风险时,佩戴口罩

药物配制用品

配制细胞毒性药物的用品如下:

- 无孔吸收垫
- 标签
- 适当地稀释和重悬试剂
  - 参见药物说明
  - 鲁尔锁紧接口注射器和针头
  - 鲁尔锁紧接口可以牢固地将针头和注射器固定在一起
- PhaSeal® 或 Onguard®(或相似设备)化疗配制用品
- 化学泄漏处理盒
- 密封转移袋
  - 通过袋子将药物从配制的区域转移至给药的区域
  - 恰当标记的自封袋
- 恰当的化学废物容器
  - 见第 4 章

工作区的准备

生物安全柜或负压无菌隔离器是最理想的配制化疗药物的工作区。如果没有安全柜或隔离器,应在医院里建立一个特殊的区域配制化疗药物。该区域应为一个小区域,配有工作台(没有任何文件),通风良好,少有人经过。因主要的暴露途径是食入,所以该区域禁止吃、喝、嚼口香糖和储存食物。许多诊所用他们的小动物

隔离病房作为配制化疗药物的区域，因为该区域通常不大，远离临床客流，个人防护设备与化疗所需防护设备类似。在配制细胞毒性药物时，应设置警告标志和限制该区域的人流。

化学泄漏处理盒

在化疗药物混合和给药区域附近放置化学泄漏处理盒，并附有明显的标签。可以购买商品化的化学泄漏处理盒，也可以自己制作并维护。每个防护盒至少包含以下用具：

- 口罩或防毒面具
- 护目用具
- 两副手套
  - 无粉；乳胶、丁腈或氯丁橡胶
- 长外衣
  - 一次性、低透气性织物制成、正面封闭、带有弹性的袖口
- 吸收垫
  - 一次性尿垫
- 两个储存化学废物的大自封袋

当发生泄漏时，用猫砂或尿垫覆盖和吸收泄漏的液体。随后佩戴手套，用纸巾擦掉剩下的液体。将纸巾和其他吸收材料放入恰当的化学废物容器。然后用水和清洁剂清洗泄漏区域。

给　　药

据专家估计，每年有多达 98 000 人死于医疗事故。这相当于每天都有一架大型喷气客机的人死亡，比死于交通事故、乳腺癌和艾滋病的人都要多。

虽然目前没有小动物死于医疗事故的相关数据，但是人类的数据提示我们要注意个人细节。医疗团队的每个人都要对患病动

物的福利负责，每个人都有防止发生医疗伤害事故的责任。

在一个医生多的诊所，一位有10年以上经验的对犬进行化疗的工作人员，因为当天工作繁忙，她已经无法按计划完成工作。当接收到了内部药房的化疗药时，该技术员复查了化疗药袋上的动物名和剂量，两者都正确。最后她再次向医师确认处方后开始给药。后来，她在更新病例记录时发现该动物本次就诊只是按计划做血常规复检。多项防止发生错误的措施也没能阻止这次错误。但是，如果技术员在给予化疗药前简单地回顾患病动物的病例记录，就可以避免这次事故。

作为兽医团队的一员，技术人员是防止意外发生的最后一道防线。你可以通过以下几个步骤提高防范意识，避免发生化疗相关事故。

(1)浏览动物病历

- 尝试在动物就诊前且必须在治疗前浏览病历。主要查找以下记录：
  - 动物所患疾病
  - 本次就诊原因
  - 动物还在接受什么其他治疗
  - 动物主人是否有其他特殊的关注点
  - 对于这个病例你是否还有其他不了解的地方

(2)复查动物的血液检查结果

- 目前有超过50种治疗癌症的化疗药物，其中很多可以影响机体的白细胞
- 白细胞中最多的嗜中性粒细胞是机体免疫系统的重要一部分
- 嗜中性粒细胞过低时应推迟化疗。诊所应明确化疗时可接受的最低白细胞值，并让每个人知晓

(3)复查药品名称和剂量

- 在浏览记录后，确定给药前你已了解要给予的药物和剂量。

如果发现任何错误,或不明白的地方,应询问医师

(4)复查剂量计算

• 计算错误是最常见也是最严重的医疗错误,所以要严防它的发生。如果你计算出的剂量与他人不同,应停止工作,直至发现错误所在

• 牢记大部分化疗药剂量计算是根据体表面积而不是体重。体重与体表面积转换表见附录 3.1

(5)询问

• 你的知识对于患病动物和兽医团队都是重要的财产。我们有可能在点餐时询问的问题都比在忙碌的工作中多。询问可能会降低工作效率,但是询问可以帮助你做出更好的决定,而更好的决定意味着更好更安全地对待患病动物。以下的小贴士帮助你更好地询问(A. S. K)

- 避免(Avoid)在问题开始时使用"为什么"
  - 我们都抵触在询问开始时使用"为什么"
- 停留(Stay)在话题中
  - 避免含糊的开放式的问题。让你的问题具体而简洁
- 保持(Keep)简单
  - 询问,得到结果,继续工作

(6)确保记录准确性

• 病例记录应易于每个人理解和使用。它提供的信息必须可信、准确和一致。明确,简洁,准确

体表面积

体表面积是体表皮肤的面积。测量体表皮肤面积很困难,所以通常通过基于体重的公式计算体表面积。最常用的公式发表于 1916 年。通过体表面积计算细胞毒性药物剂量始于 1966 年,并由临床肿瘤学家传承下来。为什么我们现在还在使用体表面积?

希波拉底曾指出治疗应无害。在使用像抗肿瘤药物这样的治疗窗口很小的药物时,很难不造成伤害。基于体表面积计算药物剂量使得剂量更准确和安全。附录 3.1 为犬猫体重(kg)与体表面积(m^2)的换算表。牢记 1 kg=2.2 lb(lb÷2.2=kg)。

设备和用品

导管选择

我们都有自己的习惯,幸运的是一些习惯可以提高工作效率。但是与其他患病动物不同,为了保护接受化疗的患病动物,你需克制自己的习惯,花时间选择最合适的导管。

为什么选择合适的导管对于接受化疗的动物如此重要?因为大多数治疗癌症的细胞毒性药物是糜烂剂。糜烂剂是一类可以引起皮肤糜烂的物质。糜烂剂通过高效的化学反应与蛋白、DNA 或其他细胞成分结合,导致细胞裂解。糜烂剂不会造成血管损伤;但是当它从血管中外漏与周围组织接触时,则会造成损伤。损伤的程度由外渗药物的种类和量共同决定。损伤程度从轻度皮肤刺激至需要多次手术的多孔性、坏死性损伤。

兽医用的静脉导管主要有两种:蝴蝶针和留置针(图 3.1)。蝴蝶针由一个钢针连接于翅膀样的塑料片,随后是塑料导管。因为移动会造成静脉损伤,所以蝴蝶针不常用于长期输液。留置针用于长期静脉输液。与蝴蝶针不同,在钢针引导导管进入静脉后,钢针会被取出。

虽然不是所有的化疗药都是糜烂剂,但是把它们都当作糜烂剂是明智之举。导管种类的选择很大程度上是由注射药物体积决定。当注射小于 1 mL(CC)的液体时可使用蝴蝶针。要注射大于 1 mL(CC)体积药物时,使用留置针可显著地降低造成动物损伤

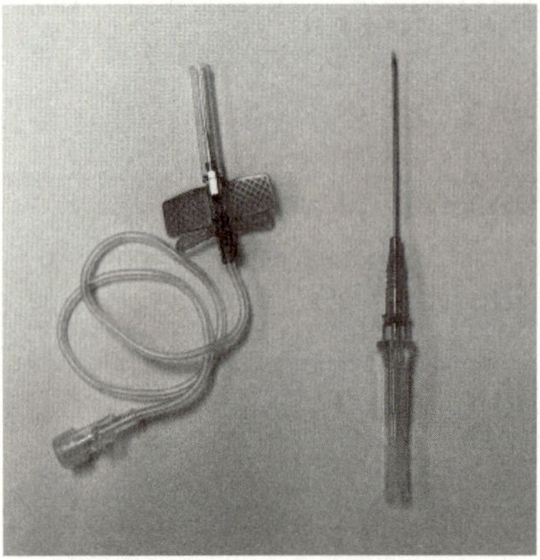

图 3.1　蝴蝶针(左)和留置针(右)。

的风险。

当使用留置针时,选择较细的针很容易误扎入其他组织。此外,虽然小号针可以更容易地扎入血管,但是它很难固定于血管。小于 22 号的留置针非常短,通常小于 1 英寸。动物皮肤活动性强,患病动物移动时,松弛的皮肤会使导管从血管中滑出,使导管位于血管旁边和皮肤下面。通过这样脱落的导管输注糜烂剂会引起损伤。牢记,当使用留置针时,长度最重要。

给予化疗药时的用品

给予化疗药物需要以下用品:

- 安置导管(图 3.2)
  - 蝴蝶针(2 号或 23 号) 或留置针(18 号或 20 号,2 英尺长)
  - PhaSeal 或 Onguard 注射适配器
  - 2 个注射器的生理盐水
  - 4 cm×4 cm 薄纱海绵

- ○ 胶带
- ○ 消毒棉花球
- ○ 手术器械
- ○ 手套
- 个人防护设备
  - ○ 参见本章个人防护设备
- 吸收垫
  - ○ 在化疗药连接部位下放置一次性塑料吸收垫
- 恰当的化学废物袋
  - ○ 见第 4 章
- 化学泄漏防护盒
  - ○ 在化疗药混合和给药区域附近放置化学泄漏防护盒，并附有清晰的标签

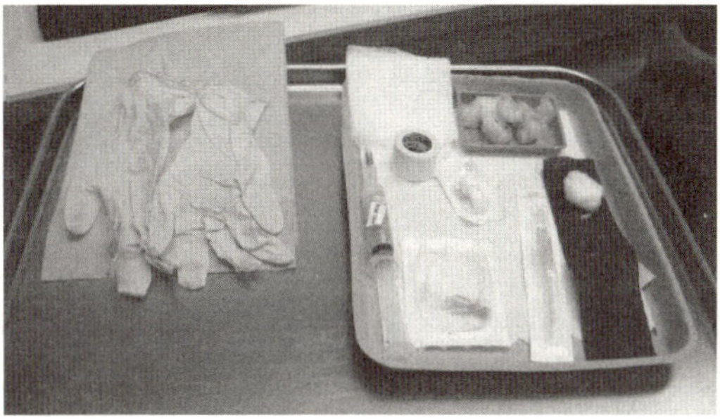

图 3.2 安置留置针。

工作区域的准备

事故和错误通常与工作区域的布局和常规干扰有关。这些问题可通过仔细设计工作区域和设计工作流程，完善化疗给药的标

准流程(SOPs)解决。以下是设计恰当的给药环境的建议:

- 繁忙的治疗室最不适合用于化学治疗。化学治疗室应远离繁忙的人群,且容易控制进出的人员
- 在处理和给予化疗药的地方要设置洗眼器
  - 可在常规水龙头上连接眼部清洗装置
- 放置显著标志提示同事你在给予细胞毒性药物
- 限制不必要的人员进入化疗给药区域
  - 客户通常希望“帮助”看护化疗动物,但是为了客户、动物及员工的安全,应禁止这种行为
- 保护你的团队和动物护理人员不暴露于化疗药物和其在尿液、粪便及血液中的代谢产物或化疗动物的垫料,应在动物的笼子上标有显著标签
  - 指导工作人员在清理有风险的笼子时穿戴个人防护设备

结　论

癌症动物的化疗与人类患者的化疗存在巨大差异。动物接受化疗主要考虑改善生存质量。给药剂量和间隔的制定原则是在减少不适的前提下达到最大疗效。细胞毒性药物可以挽救动物生命,但是它对操作和注射它的工作人员具有威胁。在配制和给予化疗药物时暴露风险最大,主要暴露途径是吸入、直接接触或不恰当的处理造成误食。对于兽医团队和客户的另外两种重要的暴露途径是接触含有化疗药物的废弃物(注射器、导管、手套等)和接受治疗动物所排出的尿液和粪便。

兽医团队的每个人应该了解动物可能会发生什么和动物会发生什么。准备和遵守安全手册可能需要更多时间,有时重复地检查会影响工作进度。兽医肿瘤团队的目标是为患病动物和其主人

提供医疗和非医疗的帮助及改善动物的成存期和生存质量。为达到上述目标，应通过多步的质量检查保护患病动物、客户、医院员工和自己。牢记，化疗药物对我们同样有害。不能为了做更多的事情而做错误的事情。

附录 3.1 体表面积转换表

体表面积转换表（体重 kg-体表面积 m^2）

体重体表面积转换表-犬

0.5	0.064	10.0	0.469	20.0	0.744	30.0	0.975	40.0	1.181
1.0	0.101	11.0	0.500	21.0	0.759	31.0	0.997	41.0	1.201
2.0	0.160	12.0	0.529	22.0	0.785	32.0	1.018	42.0	1.220
3.0	0.210	13.0	0.553	23.0	0.817	33.0	1.029	43.0	1.240
4.0	0.255	14.0	0.581	24.0	0.840	34.0	1.060	44.0	1.259
5.0	0.295	15.0	0.608	25.0	0.864	35.0	1.081	45.0	1.278
6.0	0.333	16.0	0.641	26.0	0.886	36.0	1.101	46.0	1.297
7.0	0.370	17.0	0.668	27.0	0.909	37.0	1.121	47.0	1.302
8.0	0.404	18.0	0.694	28.0	0.931	38.0	1.142	48.0	1.334
9.0	0.437	19.0	0.719	29.0	0.953	39.0	1.162	49.0	1.352
								50.0	1.371

体重体表面积转换表-猫

0.1	0.022	1.4	0.125	3.6	0.235	5.8	0.323	8.0	0.400
0.2	0.034	1.6	0.137	3.8	0.244	6.0	0.330	8.2	0.407
0.3	0.045	1.8	0.148	4.0	0.252	6.2	0.337	8.4	0.413
0.4	0.054	2.0	0.159	4.2	0.260	6.4	0.345	8.6	0.420
0.5	0.063	2.2	0.169	4.4	0.269	6.6	0.352	8.8	0.426

续附录 3.1

体表面积转换表(体重 kg-体表面积 m²)									
体重体表面积转换表-猫									
0.6	0.071	2.4	0.179	4.6	0.277	6.8	0.360	9.0	0.433
0.7	0.079	2.6	0.189	4.8	0.285	7.0	0.366	9.2	0.439
0.8	0.086	2.8	0.199	5.0	0.292	7.2	0.373	9.4	0.445
0.9	0.093	3.0	0.208	5.2	0.300	7.4	0.380	9.6	0.452
1.0	0.100	3.2	0.217	5.4	0.307	7.6	0.387	9.8	0.458
1.2	0.113	3.4	0.226	5.6	0.315	7.8	0.393	10.0	0.464

补充阅读

Aboumatar HJ, Winner L, Davis R, Peterson A, Hill R, Frank S, Almuete V, Leung TV, Trovitch P, Farmer D. 2010. Applying Lean Sigma solutions to mistake-proof the chemotherapy preparation process. *Jt Comm J Qual Patient Saf* 36(2):79-86.

Connor TH, Anderson RW, Sessink PJ, Spivey SM. 2002. Effectiveness of a closed-system device in containing surface contamination with cyclophosphamide and ifosfamide in an I. V. admixture area. *Am J Health Syst Pharm* 59:68-72.

Du Bois D, Du Bois EF. 1916. A formula to estimate the approximate surface area if height and weight be known. *Arch Intern Med* 17:863-71.

Freireich EJ, Gehan EA, Rall DP, Schmidt LH, Skipper HE. 1966. Quantitative comparison of toxicity of anticancer agents in mouse, rat, hamster, dog, monkey, and man. *Cancer Chemother Rep* 50:219-31.

Kohn LT, Corrigan JM, Donaldson, MS. 2000. *To Err Is Human: Building a Safer Health System*. Washington, DC: *The National Academy Press*.

Labuhn K, Valanis B, Schoeny R, Loveday K, Vollmer WM. 1998. Nurses' and pharmacists' exposure to antineoplastic drugs: Findings from industrial hygiene scans and urine mutagenicity tests. *Cancer Nursing* 21(2):79-89.

McDiarmid M, Egan T. 1988. Acute occupational exposure to antineoplastic agents. *J Occup Med* 30(12):984-7.

NIOSH. 2004. NIOSH Alert: Preventing occupational exposure to antineoplastic and other hazardous drugs in healthcare settings. U.S. Department of Health and Human Services, Centers for Disease Control and Prevention, National Institute for Occupational Safety and Health. [http://www.cdc.gov/niosh/docs/2004-165/].

Skov T, Lynge E, Maarup B, Olsen J, Rørth M, Winthereik H. 1990. Risk for physicians handling antineoplastic drugs. *Lancet* 336:1446.

Skov T, Maarup B, Olsen J, Rørth M, Winthereik H, Lynge E. 1992. Leukaemia and reproductive outcome among nurses handling antineoplastic drugs. *Br J Ind Med* 49:855-61.

Sotaniemi EA, Sutinen S, Arranto AJ, Sutinen S, Sotaniemi, KA. 1983. Liver damage in nurses handling cytotoxic agents. *Acta Med Scand* 214(3):181-9.

Valanis BG, Vollmer WM, Labuhn K, Glass A. 1997. Occupational exposure to antineoplastic agents and self-reported infertility among nurses and pharmacists. *J Occup Environ Med* 39:574-80.

Valanis BG, Vollmer WM, Steele P. 1999. Occupational exposure to antineoplastic agents: Self-reported miscarriages and stillbirths among nurses and pharmacists. *J Occup Environ Med* 41:632-8.

Vandenbroucke J, Robays H. 2001. How to protect environment and employees against cytotoxic agents, the UZ Ghent experience. *J Oncol Pharm Pract* 6(4):146-52.

Wick C, Slawson MH, Jorgenson JA, Tyler LS. 2003. Using a closed-system protective device to reduce personnel to antineoplastic agents. *Am J Health Syst Pharm* 60:2314-20.

4 化疗动物的评估

Kenneth Crump and Douglas H. Thamm

要点

- 采用统一的问诊表询问病史，以避免遗漏
- 使用开放性问题，而不是引导式的问题
- 兽医病历记录是法律文件，需要认真准确书写
- 在给予化疗前，确保所有的检查结果没有明显变化
- 体温、呼吸和脉搏(TPR)是体格检查的基础
  - 最好检测肛温
  - 心率和脉搏数值可能相同，但是所代表的意义却不同
  - 动物正常呼吸运作，表现为舒适且不需要腹部肌肉参与
- 绝不要估计癌症患病动物体重
- 用游标卡尺测量肿瘤大小
  - 通常测量肿瘤的长轴
- 应在每次化疗开始前进行全血细胞计数(CBC)
  - 白细胞中的嗜中性粒细胞最易受到化疗的影响
  - 大多数化疗药不影响血小板
  - 犬猫很少因为化疗出现贫血
- 在新病例开始化疗前，需要进行血清生化和尿液检查
- 附加的影像学检查(如X线片、超声检查)可用于评判治疗的效果
  - 影像学检查通常为周期性的，无须每次就诊时都进行影

像学检查

- 通过评判肿瘤大小随时间的变化，评判治疗效果
  - 完全缓解(CR)：所有肿瘤表现消失
  - 部分缓解(PR)：肿瘤明显缩小，但没有达到 CR 的程度
  - 疾病稳定(SD)：疾病无明显改善，也没有明显恶化
  - 疾病发展(PD)：表示疾病“显著”恶化

简　介

在繁忙的兽医临床中，兽医技术人员能够获取完整和准确的病史以及进行高质量的体格检查十分重要。当你可以准确地收集癌症患病动物的病史和进行体格检查时，兽医师就可以有更多的时间做其他必要的事情。做好这些事情可以让整个团队更高效地工作。不准确或不完整的信息还不如没有信息。病史或体格检查的错误可能造成不必要的检查，无效的治疗使客户对兽医失去信任。

病　史

尽管十分重要，但是兽医师和技术人员常常忽视获得详尽的病史。有些情况，获得明确、有序且完整的病史很具有挑战性。例如有些客户说得很少或过多地谈论无关的问题。这个过程通常很耗时，高效的工作人员会认为询问病史会拖慢整个工作计划。但牢记，糟糕的计划是良好时间管理最大的敌人。你做得越仓促，事情做得就越不彻底。采用统一的问诊表询问病史，以避免遗漏。本节的目标是介绍如何通过有序的方式获得完整和准确的病史。虽然该方法为癌症患病动物设计且有许多癌症相关问题，但这只

是问诊的基础,你还可以添加许多一般性问题。

自我介绍

询问病史的第一步是向客户介绍自己以及告诉他你在做什么。即使该客户之前见过你许多次,也要这样做,因为这样可以让客户在下次就诊时认识你。这一点在大诊所特别重要,因为客户一次就诊可能见到多个团队的多个人。

在开始问诊前一定要浏览病历,记住客户名字、宠物名字和性别,以避免在谈及这些问题时出现尴尬的错误。在宠物已经被带离客户的情况下(如因紧急情况带到处置室),开始询问前让他对自己的动物放心十分重要。如果客户担心他宠物的安危,他有可能无法专注于回答你的问题或提供你所需的信息。

询　问

获取病史最需要注意的是认识到主人的水平并尊重他的水平。大多数主人不理解医学术语。许多人都不知道你日常所用的缩写,所以在与客户交谈时要注意方法,要既能让他们明白你所说的内容,又不能让他们认为你觉得他们无知。例如,你知道 PU/PD 的意思,但是客户却不理解,但你不能向客户询问他们的宠物是不是“嘘嘘很多次”,因为那是大人向小孩询问的语气。

使用开放性的问题而不是引导性的问题同样重要。开放性的问题是让客户自己提供信息。引导性的问题通常是让客户填写“是”或“不是”,通常像是引导客户选择合适的答案。例如,你想询问患病动物在上次化疗后的活跃性变化,应问“宠物上次就诊后精神怎样?”,而不是“宠物是否在上次就诊后出现疲倦或精神沉郁?”当使用引导式询问,客户可能会根据询问者的引导而选择答案。

动物主人急于解决动物出现的问题。尽管你在尝试得到准确的信息，但是主人可能觉得你在帮助他们回答出正确的答案。

询问中的另一个问题为问题似乎在批评他们照顾生病动物的方法。这样的问题会使他们在给出真实的答案时感到不舒服。例如，当询问他们的动物是否持续呕吐或腹泻时，不应询问“你是否忘记喂宠物药了?”面对这样的问题，即使主人真的忘记了喂药，他们也会回答“没有，肯定没有”。应当这样询问，“你多久喂宠物一次药”或“你每天什么时间给他喂宠物药”，主人会对这样的问题没有那么反感，你可能会得到更准确的信息。

获得准确病史的关键是询问足够多正确的问题。在询问时，应注意自己的假设。例如，动物主人会告诉你他们的动物没有腹泻，事实上他们并没有观察动物的排便。这时，最好询问“你是否观察了动物的排便”，如果主人观察了再询问“你的犬有腹泻吗?”

在 20 世纪 60 年代粉红豹电影的里的一个经典镜头，口齿不清的探长注意到在一家旅馆的大厅里有一只小犬。他询问店员，“你的犬咬人吗?”店员回答道:“不咬。”但当 Clouseau 接触到那个犬，那个犬咬了他。Clouseau 惊呆了，并说:“你不是说你的犬不咬人吗?”店员说:“那不是我的犬。”

信　　息

医疗信息必须仔细、整齐、准确地以医疗记录的方式书写，否则信息是无用的。标准的病史记录表可以帮你高效地记录你在询问中获得的病史信息。此外，表格还可以提示你获取关键信息。直接实时记录信息，防止补录时产生错误。字迹工整，有序书写，使用适当的医疗术语。请记住，在各州和联邦，虽然兽医医疗记录不像人医那样具有法律效力，但是它仍是一份法律文件，因此需要仔细认真书写。兽医团队根据病史记录，制订和修改患病动物的治疗计划。首诊的病史记录表与复诊的病史记录表不同。首诊记录表，你要收集更多的关于动物整体健康状态、饮食、行为和生活环境等背景信息。同时还收集医疗史，如免疫、过敏和手术史。复查病史记录表要关注和主要收集每次就诊之间的变换。无论您现在在临床上使用何种首诊病史记录表，其要满足记录癌症患病动物的病史的需要。一个癌症患病动物的复诊记录表见附录 4.1。

下面提供了化疗动物每次就诊时应询问的信息。在自我介绍后，以广泛的、开放性问题开始询问有助于客户表明他们所关注的问题。例如，“自从上次治疗后，动物怎么样？”

通过观察他们的反应，继而详细地询问动物的表现。询问以下情况：

- 食欲
- 精神
- 活跃性
- 任何的厌食/呕吐/腹泻
- 任何其他情况
  - 呼吸问题
  - 跛行
  - 上次注射部位的变化
  - 其他相关信息

可使用以下问题询问药物相关问题：

- 宠物正在使用什么药物？
- 还需要继续购买药物吗？

最后，和客户确认这次就诊将做什么

- 将进行的检查
- 将注射的药物
- 需要多长时间
- 讨论主人准备什么时候接动物

- ○ 打算什么时间接动物
- ○ 是否希望在治疗结束后，电话通知他们

在病史调查结束前，一定要询问本次就诊客户是否还有其他问题或关心的事情想与医生讨论。如果客户有问题想询问，向客户解释该问题的讨论会被安排在治疗前还是治疗后。

体格检查

在给予化疗前，确保动物健康状态良好且与上次复诊时无明显变化。虽然通常由兽医进行体格检查，但是有时体格检查最重要的部分是由技术人员进行的，如果在化疗前发现异常，一定要告知兽医。

体温、脉搏和呼吸频率(TPR)

体温、脉搏和呼吸(TPR)是体格检查的基础。这些数值可以让我们快速了解患病动物。TPR 可能因为化疗药物或者潜在疾病而改变。犬、猫正常的 TPR 值见表 4.1。

表 4.1 犬和猫正常的 TPR 值

	直肠温度(℃)	脉搏/心率	呼吸频率
犬	37.8～39	60～160 次/分钟(小型犬心率高)	16～32 次/分钟
猫	37.8～39	140～220 次/分钟	20～42 次/分钟

体温

最好测量肛温；但若动物有直肠或周围组织不适时，也可以使用腋下温度或耳温。这些位置的体温不准确，只在无法测得肛温时使用。

有时在化疗后(见后)可以见到嗜中性粒细胞减少(白细胞计数减少)。如果嗜中性粒细胞数量过少(通常在化疗后一周),患病动物的感染风险会增加且有可能出现发热。尽管有些犬会因为兴奋或应激而体温升高,体温超过 103°F (39.4℃)提示存在感染。有些严重感染的犬可能表现为体温正常或体温偏低,所以不出现发热不能排除感染。更多的信息参见第 7 章副作用。

脉搏频率和心率

在正常动物,脉搏频率等于心率。虽然数值相同,但代表的意义不同。经过训练的医疗人员可以通过听诊器获得心率,而脉搏是通过手指直接触诊,感觉频率和质量。

通过触诊外周脉搏判断频率和质量。犬和猫通常通过靠近腹部的股动脉来测量脉搏。查找股动脉和通过股动脉判断脉搏频率和质量是一个需要反复学习和训练的临床技能。在你见到的每个病例练习测量脉搏(图 4.1)。用手指压在股动脉上。有

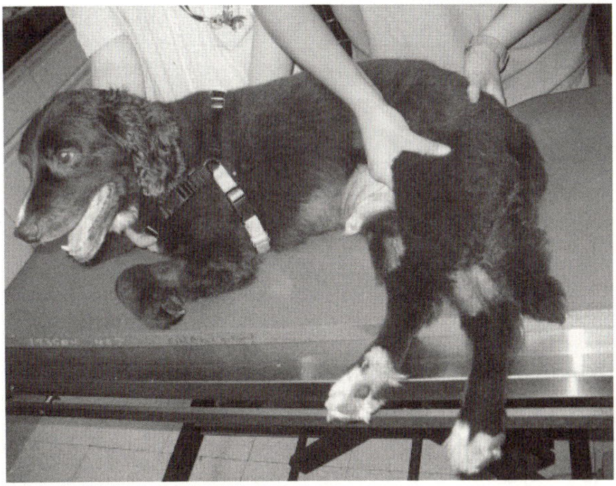

图 4.1 测量股动脉脉搏。将手指轻压在股动脉上。

时需要一定压力才可以感觉到股动脉;但压力过大会压迫动脉,阻断血流。计数 15 秒的脉搏,将该数值×4 即是每分钟的脉搏数。

在触诊脉搏时同时听诊心脏十分重要(图 4.2)。对于犬或猫,同时触诊脉搏和听诊心率有时会很困难(特别是那些失去耐心的宠物),所以在进行该操作前应先测量脉搏。心率的数值和脉搏频率应相同,且每次心跳产生的脉搏质量也应一样。在心跳后没有动脉搏动(或脉搏质量显著发生变化)成为脉搏缺失。脉搏缺失提示心脏异常,应及时告知兽医师。

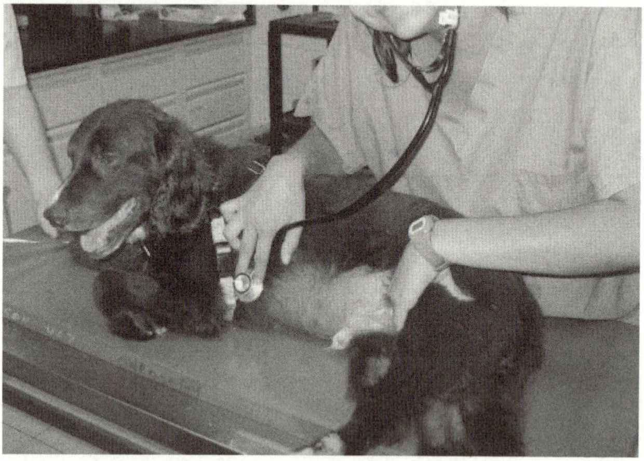

图 4.2 同时触诊脉搏和听诊心率。同时听诊心脏和触诊脉搏十分重要。每次心跳后都应有动脉搏动。

心动过速(心率过高)提示贫血、兴奋、疼痛/不适或其他疾病。不规则的心率是心脏电活动异常的表现。一些药物,如多柔比星,不能用于患有某些心脏的动物。因此,对于出现心率异常的动物,在化疗前应进行进一步的心脏检查。

呼吸频率/姿势

对于所有病例都应观察呼吸频率和呼吸姿势。首先通过直视观察呼吸频率,随后通过听诊肺音。呼吸动作通常主观评价。正常动物呼吸平稳,无须腹部参与呼吸。

根据宠物所患肿瘤,呼吸频率增加或呼吸姿势改变提示肺部转移。这提示需要更多的检查(如胸腔 X 线片)或根据需要改变治疗方案。呼吸频率或姿势异常应告知兽医。

体　　重

绝不要估计癌症动物的体重,每次就诊时应准确测量体重并记录。准确的体重对于准确的化疗给药剂量十分重要。体重细微不准确可能增加毒性风险或减小药物效果。为了明确,对于癌症动物最好同时以千克和镑(译者,中国建议为斤)记录体重,并标记在病例的明显处。大多数美国兽医习惯用镑来计算动物体重;但是大多数癌症相关药物的计算使用千克计算。牢记,大多数化疗药物是按照动物的体表面积计算的,而不是体重。体表面积(m^2)和体重(kg)的换算表见第 2 章。

为什么体重会在上次就诊后发生改变?体重减轻提示食欲变差、食物摄入减少和营养状态改变。如果体重与上次就诊差异明显,提示称量不准确,最好再次称重患病动物。

肿瘤测量

虽然通常是由兽医师进行肿瘤测量,但有时技术人员也会进行这项工作。测量肿瘤大小的变化是疗效的主要评价手段。接受治疗肿瘤的类型决定了治疗预期。有时，会出现所有可测量的肿瘤消失。对于其他肿瘤，部分缓解或肿瘤没有增长也是可以接收的结果。使用游标卡尺(图 4.3)是准确测量肿瘤大小的关键。可在五金店或兽医/手术器械供应商处购得。

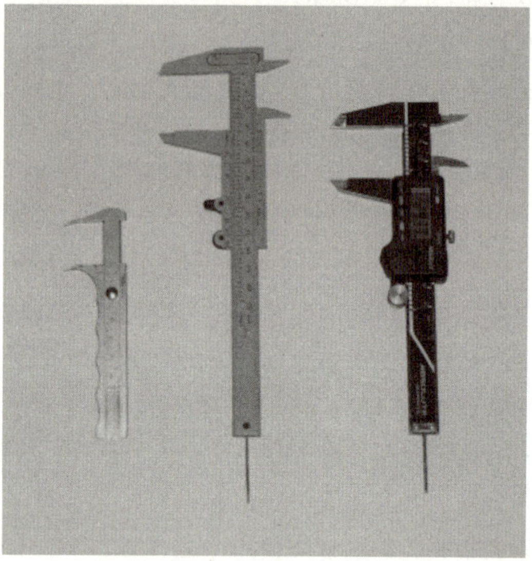

图 4.3 不同种类的游标卡尺。游标卡尺可从五金店、兽医器械或手术器械商处购得。

通常，测量肿瘤的长轴(如肿瘤长度大于其宽度和深度，记录长度)。有时肿瘤会以 2～3 个维度进行测量。使用独立的记录表记录肿瘤大小，这样可以方便前后对比。如果动物患有多个肿物，使用体表图记录肿瘤位置和大小，体表图见附件 4.2。

实验室检查

虽然血检是化疗动物管理的重要一部分，但并不是用于衡量治疗是否有效(通常通过测量肿瘤大小判断治疗有效性)。但是，血检是判断化疗安全性的重要手段。对于化疗动物，通常使用颈静脉采集血样而不是外周血管。因为外周血管还要用于化疗，提前穿刺可能会造成瘀血。

全血细胞计数(CBC)

每次化疗前都要进行 CBC 检查，有时在化疗期间也要进行 CBC 检查。最好在化疗当天测量 CBC，若需要外送到其他实验室可用一天前的 CBC(不能更早的)。如果使用超过 1 天前的 CBC 来评判是否可以化疗是不可靠的，有时甚至会影响治疗决定。

白细胞

在进行 CBC 时会评价所有的血细胞，但是最容易受到化疗影响的血细胞是嗜中性粒细胞。嗜中性粒细胞是机体抵抗细菌的主要防线，其数量减少会增加细菌感染的风险(更多信息参见第 7 章)。应根据嗜中性粒细胞绝对数量而不是白细胞总数或嗜中性粒细胞百分比来制定决策。对于大多数化疗药，嗜中性粒细胞最低安全为 2 000～2 500/μL。犬出现嗜中性粒细胞减少需要推迟几天化疗。如果嗜中性粒细胞不低于 1 000/μL，感染的风险很小。但是，如果嗜中性粒细胞少于 1 000/μL，感染风险很高，应谨慎在家观察并给予口服抗生素，直至嗜中性粒细胞恢复到安全范围。

让客户知道嗜中性粒细胞降低会很快恢复。同时还要告知主人因为要等嗜中性粒细胞恢复到可接受的范围，化疗需要推迟几天，但是推迟化疗不会影响疗效。

血小板

少数的几种癌症治疗药物会引起血小板减少（通常长期使用），大多数药物则不会。因此，接收化疗的动物很少出现严重的血小板降低。但是血小板 50 000～75 000/μL 药物时需要推迟化疗和进行更多的检查。因为这个原因，所以要进行人工血小板计数，而不是估计血小板数量。最常见的引起血小板计数降低的原因是血小板聚集（图 4.4）。血小板聚集可引起血细胞计数降低，浏览血涂片寻找血小板团。使用大号针头从颈静脉采集血样可减少血小板聚集。

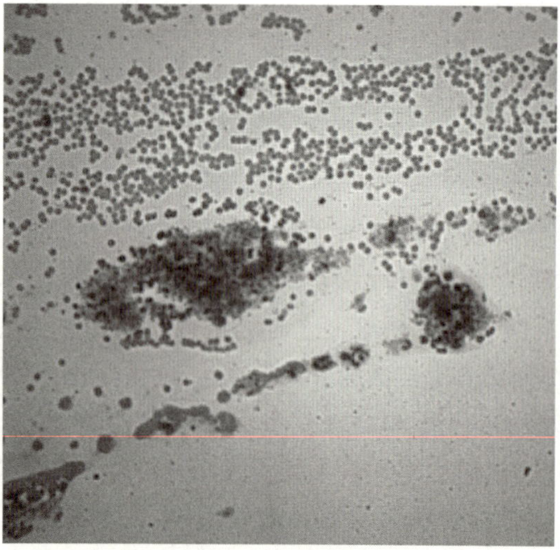

图 4.4 血涂片边缘血小板聚集。大量的或巨大的血小板团块可以显著地降低血小板计数。

红细胞

与人类癌症患者不同，犬和猫很少因化疗引起贫血而出现临床症状。可观察到轻度、积累性的贫血，但通常不会严重到需要干预。如果出现红细胞显著或突然降低，则提示出现另外的严重问题（如内出血、溃疡等）。

生化和尿检

对于新病例，应进行生化和尿检，以确保机体器官功能正常可以承受化疗并排除机体存在与癌症同样需要治疗的疾病。因疾病或化疗的需要，有时可能需要在治疗中检测全项生化或单独的生化指标。

钙

对于出现高血钙（又称副肿瘤性高钙血症或高钙血症的恶性肿瘤）的犬，定期复查血钙可以用来评估治疗效果。手术后或经化疗后完全缓解的患病动物，血钙会恢复正常。反之，如果血钙上升表明疾病复发。

肝指标

一些化疗药物，特别是洛莫司汀，长期使用会使肝指标升高。因此，在使用洛莫司汀对犬和猫化疗前，除了监测 CBC，还要监测肝指标（特别是丙氨酸氨基转移酶［ALT］）。

肾指标/尿比重

一些药物，特别是顺铂对于犬和多柔比星对于猫，还有非甾体类抗炎药如吡罗昔康，有肾毒性。因此，在给予这些药物时，需要经常监测肾指标（血液尿素氮和肌酐）和尿比重。判断尿比重可以用自然排出的尿，无须无菌尿。

影 像 学

对于一些病例，可能需要额外的影像学检查（如 X 线、超声）来评估治疗效果。因为费用的原因，没有必要在每次就诊时进行影像学检查，但需要定期地进行影像学检查。

对于体腔内的肿瘤，有时只有通过重复的影像学检查才能评估病灶大小和数量的变化以评估治疗是否起效。当用于评估治疗效果时，通常在两次治疗后进行一次检查（对于大多数药物为 6 周一次），之后在同样的间隔复诊。有时影像学检查用于评估肿瘤是否发生转移，特别是那些术后有高转移风险的肿瘤，例如黑色素瘤、血管肉瘤、骨肉瘤、肛门腺癌和乳腺癌。在这种情况下，通常 2～3 个月进行一次检查，以确保疾病仍在控制之中。

放射学(X 线)

X 线通常用来评估癌症患病动物的肺脏及其周围组织（图 4.5）。大多数情况下，与测量体表肿瘤方法相同，也可以用游标卡尺测量肺部肿瘤。X 线还可以用来判断骨骼的变化。X 线通常不用于观察和测量腹部肿瘤。

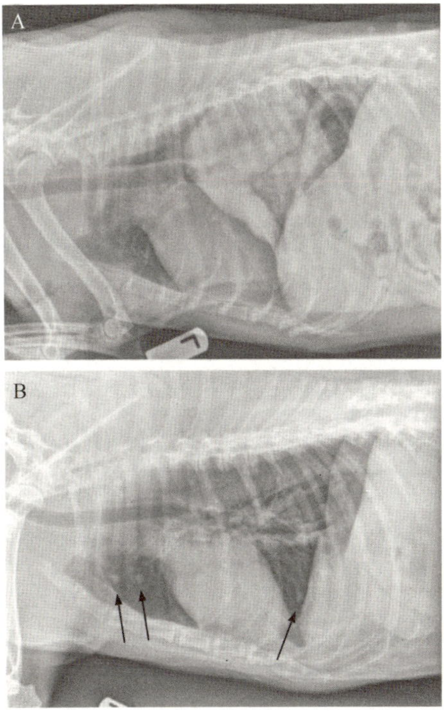

图 4.5 肿瘤肺部转移。(A)患有原发性肺部肿瘤的10岁去势的史宾格雄性犬的肺部X线片。连续测量肿瘤大小评估治疗效果。(B)7岁绝育的拉布拉多母犬,肺部肿瘤为肿瘤(骨肉瘤)的远端转移。这个转移灶是进行截肢术和化疗后10个月被发现的。

超声

超声是理想评估和测量腹部肿瘤的方法(图4.6)。通常用于检测膀胱、肝脏、脾脏、腹部淋巴结等器官。大多数超声及其可通过内置软件进行肿瘤的测量。

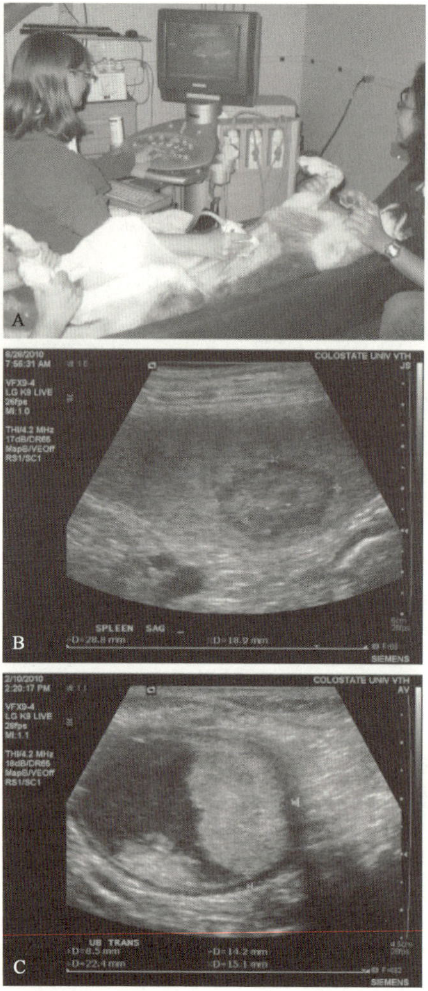

图 4.6 腹部超声检查腹部肿瘤。(A)正在接受仰卧位腹部超声检查的犬。(B)8 岁雄性去势金毛犬的脾脏肿物。通过机器测量肿瘤大小。(C)11 岁雌性绝育的苏格兰㹴的膀胱肿物。通过连续观察比较肿瘤变化评估治疗效果。

计算机断层扫描(CT)和磁共振(MRI)

对于一些肿瘤,如鼻腔肿瘤、脑肿瘤等,高级影像学检查可以帮助首次诊断和制订治疗计划。因为费用昂贵和需要全身麻醉或深度镇静,所以 CT 和 MRI 很少用于连续监测肿瘤变化。

评价肿瘤反应

尽管评估治疗的效果是兽医的主要职责,但有时客户会向工作人员询问什么是"部分缓解"或"病情稳定"。了解如何评价肿瘤对治疗的反应可以帮助主人了解治疗效果。

一般情况下,兽医通过比较肿瘤随时间的变化来评估治疗效果。可以通过比较肿瘤的长轴或肿瘤的体积(通过两个或三个维度计算)。

完全缓解(CR)

CR 表示所有可检测的肿瘤完全消失:显然,CR 是肿瘤治疗的最好结果。所有可测量的肿瘤消失,同时所有肿瘤引起的临床症状消失。这对于客户是好消息,但 CR 不意味着肿瘤已被"治愈"。一些肿瘤,如淋巴瘤,治疗后 CR 率为 75%~90%;但是对于这些病例,约有 95%会复发。

对于兽医肿瘤学,很难定义治愈。对于许多人类癌症,5~10 年不再出现肿瘤为"治愈"。我们的患者通常在诊断时已经是老年,因其他衰老相关的问题无法存活 5~10 年。所以,对于我们的病例,治愈意味着癌症不发展,动物因非肿瘤相关疾病死亡。

部分缓解(PR)

PR 表示肿瘤“显著”缩小,但是疾病并没有完全消失。从技术上,这意味着肿瘤体积减小 50%或肿瘤长轴减少 30%,且没有新的病灶出现。这是仅次于 CR 的治疗反应。

疾病稳定(SD)

SD 表示疾病没有明显好转,也没有显著恶化。换句话说,肿瘤体积缩小小于 50%或长轴减小小于 30%,但肿瘤体积增大没有超过 25%或长轴增大没有超过 20%,且没有出现新的病灶。如上文所述,我们努力地尝试是肿瘤缩小甚至消失,但是肿瘤“没有增长”也是可以接受的治疗反应。如果动物可以很好地承受治疗且生活质量较高,我们又可以阻止肿瘤生长,这对于宠物和客户也是不错的结果,这对于兽医团队同样是有意义的。

疾病进展(PD)

PD 表示疾病“显著”加重。技术上,PD 为所有可测量的肿瘤体积增大超过 25%或长轴超过 20%,或有新的病灶出现。根据动物变化,生活质量和主人持续治疗的意愿,在大多数病例,PD 提示停止治疗或尝试新的疗法。

附加阅读

Bassert JM, McCurnin DM. 2009. *McCurnin's Clinical Textbook for Veterinary Technicians* (7th Ed.). Philadelphia: Saunders.

Ogilvie GS, Moore AS. 2001. *Feline Oncology*. Yardley, PA: Veterinary Learning Systems.

Ogilvie GS, Moore AS. 2006. *Managing the Canine Cancer Patient: A Practical Guide to Compassionate Care*. Yardley, PA: Veterinary Learning Systems.

Withrow SJ, Vail DM. 2007. *Withrow and MacEwen's Small Animal Clinical Oncology* (4th Ed.). Philadelphia: Saunders.

附件 4.1 肿瘤病例复诊病史记录表

请回答以下所有问题。

日期：__________ 时间：__________ 主人：__________	动物名：__________ 病历号：__________

什么时候来接你的宠物？

12～1 PM □ 1～3 PM □ 3～5 PM □ 5～8 PM □ 8～10 PM

你的电话号码__________ 工作 □ 家庭 □ 移动电话 □

自从上次就诊后动物的健康状态？

很好 □ 好 □ 一般 □ 差 □

请描述你的犬从上次就诊后以下项目的变化。

食欲	与上次就诊比较，食欲变化
	显著减少 □　减少 □　没有变化 □　增加 □　显著增加 □
睡觉	与上次就诊比较，动物的睡觉时间
	显著减少 □　减少 □　没有变化 □　增加 □　显著增加 □
活跃性	与上次就诊比较，动物的活跃性变化
	显著减少 □　减少 □　没有变化 □　增加 □　显著增加 □
玩要	与上次就诊比较，玩要的变化
	显著减少 □　减少 □　没有变化 □　增加 □　显著增加 □
意外排泄	与上次就诊比较，在室内排便或排尿的次数
	显著减少 □　减少 □　没有变化 □　增加 □　显著增加 □
呼吸	与上次就诊比较，呼吸的次数
	显著减少 □　减少 □　没有变化 □　增加 □　显著增加 □
反应	与上次就诊比较，对一般刺激的反应
	显著减少 □　减少 □　没有变化 □　增加 □　显著增加 □
健康	与上次就诊比较，整体健康状态
	显著减少 □　减少 □　没有变化 □　增加 □　显著增加 □
总体	与诊断出肿瘤前相比，动物整体状况
	显著减少 □　减少 □　没有变化 □　增加 □　显著增加 □

描述自从上次就诊，动物出现的症状（如食欲减退、呕吐、腹泻、咳嗽），这些症状什么时候出现？是否已经解决？

____

____

____

____

你最关注或想向兽医询问的问题？

____

____

____

____

自从上次就诊，你都给予了你的宠物什么药物？

药物	剂量	频率（如1次/日，2次/日）	天数	是否需要再次购药？	
				是	否

附件 4.2 肿瘤体表图

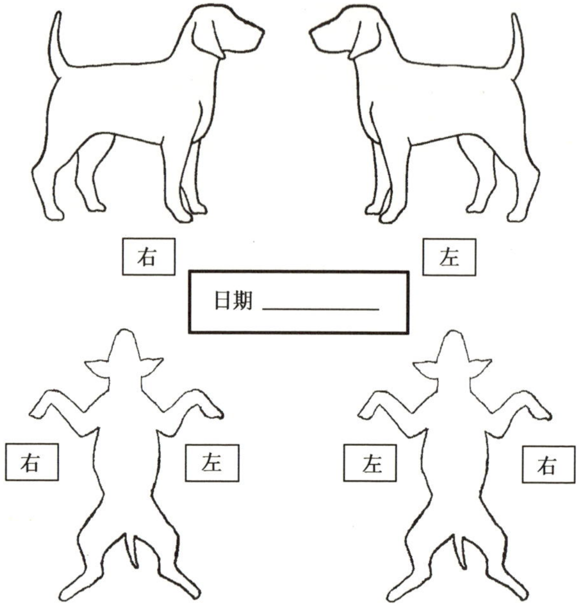

腹侧　　　　背侧

1. ____________
2. ____________
3. ____________
4. ____________
5. ____________
6. ____________
7. ____________
8. ____________
9. ____________
10. ____________

5 化疗处理、防护和处置

Richard Allen and Kenneth Crump

要 点

- 化疗药配制标准操作规程
  - 建议使用通用规程
- 细胞毒性药物储存
  - 化疗药物应与其他药物分开储存
  - 建议参考官方网站的指导文件
- 药物配制防护
  - 先进的防护设备
  - 在小诊所配制化疗药物
- 给予药物防护
  - 使用专用的导管
  - 混合粉末状化疗药物
  - 分割药片
- 废弃物防护
  - 7个政府机构管理危险废弃物
  - 严格执行有关废弃物的法律
- 标准废物处理
  - 识别不同种类的危险废弃物很重要
  - 使用不同颜色标记的废物容器
  - 只有持证的人才可以处理“危险废弃物”

引　言

对动物进行化疗不是一件容易的事情。很多肿瘤专科诊所或者大型医院有训练有素的专业人员和防护设备。所以,可以通过转诊避免接触化疗药物。但是,如果准备在自己的诊所治疗癌症动物,你需要考虑许多关于保证操作人员和被治疗动物安全的事情。研究发现暴露于危险药物可以造成健康问题,如皮疹、生殖系统问题,甚至癌症。对于健康危害的风险取决于暴露方式、药物毒性和药物浓度。本章回顾了恰当的处理、配制、给予和丢弃化疗药物的方法,目的是为所有相关方面提供最大的保护。

化疗可以治疗人类和动物的癌症。这些药物对癌症和正常细胞均有毒性。准备和给予化疗药物的人必须进行防护以避免接触这些药物。兽医会根据癌症类型和分期制定治疗方案。影响药物选择、剂量和间隔的因素有很多。因为药物具有毒性,所以在给予药物前应两次甚至三次复查药物种类和剂量。为了治疗效果,每个化疗方案必须在尽量较少副作用的情况下给予最大剂量。如果治疗引起动物嗜睡、恶心或严重的腹泻,主人会认为治疗比癌症更痛苦。

以下是常用的化疗药适用症的简介:

- 卡铂
  - 用于多种动物和人类癌症,如鳞状细胞癌、卵巢癌和腺癌
- 多柔比星
  - 用于淋巴瘤、癌、白血病和肉瘤
- 长春花碱
  - 用于淋巴瘤和肥大细胞瘤
- 长春新碱
  - 与其他药物组成淋巴瘤或血液癌症的化疗方案

以上的药物在给予前都需要经过配制。一些，如长春新碱，只需吸入注射器即可使用。另一些，如多柔比星，需要使用电解质溶液稀释，随后加入输液袋或者大的注射器。然而，两种配制都需要使用个人防护设备(PPE)。

标准操作规程

如果诊所要准备配制和给予化疗药物，要制定和实施标准操作规程。如果没有安全柜或者隔离器(如下文描述)，可在无风和人少的小房间配制药物。这个房间需要定期清洗。技术人员需要穿戴 PPE 和使用防护系统，如 PhaSeal® 或 Onguard®，以减少对个人及周围环境的污染。一旦配制完成，将药物放入自封的化疗药物袋。封闭的化疗药物传送袋可以避免药物从一个房间送至另一房间时发生泄漏。使用过的器具要放入黄色的化学废物容器。

配制这些药物的通用标准操作规程如下：

工作区域设定

- 生物安全柜 (BSC)
- 小房间(最小)
- 良好的通风 (无空调气流)
- 人流少
- 只允许必要人员进入
- 良好照明
- 工作区域表面铺有无孔吸附材料

准备个人防护设备

- 带有呼吸器的面罩
- 带有弹性袖口的一次性大褂
- 乳胶或丁腈检查手套

确认药物所有标记

• 确认患病动物名字、药物名称和剂量

• 这是非常重要的一步。确保所有装有药物的注射器或输液(IV)袋都标有药物名称、浓度和剂量。如长春新碱和长春碱有类似的名字，但他们的剂量和效果有明显差异，会影响治疗结果。至少要两个人计算给药剂量。牢记，一旦给予错误的剂量，药物无法从患病动物中取出

使用鲁尔锁注射器

• 鲁尔锁注射器可以将注射器与针头锁定

使用 Phaseal 或 Onguard 或其他药物控制装置

使用化学泄漏防护盒处理任何意外

• 化学泄漏防护盒包含化疗防护手套、护目镜、一次性大褂、吸水毛巾、废物收集和处置袋

规程

(1)准备需要给予的药物

(2)清晰标记患病动物名、药物名和药物浓度

(3)将化疗药物放置于密封袋

(4)将废弃物放入适当的容器

商品化药物配置

有一些药店，会为患病动物配置化疗药物，然后送到诊所。虽然这样可以避免在诊所里配置化疗药物，但仍要考虑药物传送和废物处理的问题。

• 确保使用个人防护设备和其他保护措施，降低个人暴露风险。

- 确保附近有化学泄漏处理盒，可以在发生泄漏时立即处理。

清理泄漏：

  - ○ 穿戴个人防护设备
  - ○ 用毛巾或吸收垫吸附液体
  - ○ 如果洒落的是干粉，用湿毛巾防止形成灰尘
  - ○ 将破碎的瓶子或其他废物放入塑料袋
  - ○ 将使用过的塑料袋、毛巾和吸收垫放入化学废物容器中
  - ○ 使用消毒剂清理泄漏区域
  - ○ 使用清洁剂清理泄漏区域
  - ○ 再次强调，制定准备化疗药物多的标准操作规程很重要，应让每个人熟悉该规程

储　存

不论药物是室温储存还是冷藏，应将其与其他药物分开储存。最好是单独的冰箱储存这些药物，或至少在冰箱内设置单独的容器。在冰箱门上设置单独的标签提示此处存有有害药物。在存有化疗药物的货物架上也要设置提示标志。化疗药物通常存储在自封袋中或密闭容器里。当搬运这些存储器时，应当预防暴露。但从密封容器中取出药瓶或玻璃瓶，用酒精或消毒液擦拭瓶子，这不是为了消毒而是为了去污。药瓶或玻璃瓶可能在运输中破碎，或在制造时装得过满或遗洒造成污染。

让诊所的每一个雇员了解配置和给予化疗药物的风险。怀孕和备孕的人要避免接触、配置和给予这些药物。张贴已经建立的标准操作规程，并当面向员工讲述规程，以避免对规程的误解。同时还要评述如果发生遗洒或不良反应时应该进行的处理。因对健康的风险与药物暴露程度和效力有关，所以应该减少暴露于细胞

毒性药物的机会。下面列出了众多负责管理化疗药物配送、个人保护和废物处理的政府组织的一部分。这些组织的网站可以指导你建立自己诊所的标准操作规程：

- 职业安全健康与安全管理局[Occupational Safety Health and Safety Administration (OSHA)]
- 美国国家职业安全卫生研究所[National Institute for Occupational Safety and Health (NIOSH)]
- 交通部 [Department of Transportation (DOT)]

降低暴露

处理细胞毒性药物时降低暴露是最主要的考虑问题。为了解决这一问题，目前开发了许多设备。除非是一个肿瘤治疗中心，否则通常不会为了防护而购买最理想的防护设备：ⅡA级垂直层流生物安全柜或负压隔离器。生物安全柜建立从上到下的无菌气流，同时从安全柜底部吸入气体，吹入安全柜前后(图5.1)。然后空气通过高效微粒空气过滤器(HEPA)的专用排气系统排放进入户外。这个过程不仅建立了无菌环境，如果使用得当，还允许操作员在该环境中安全准备有害化合物。生物安全柜可以降低配置药物人员的暴露风险。但是，单独使用安全柜不足以提供配置药物时的所有防护。

操作人员需要穿戴不起毛的长袖长外衣、手套(配置化疗药物时建议使用长袖的橡胶或丁腈手套)和眼部防护设备等个人防护设备。此外，在打开玻璃瓶混合药物时，也应在这些安全设备中操作。这些装置可以使玻璃瓶中的压缩空气浸入过滤器或密闭的袋子中。

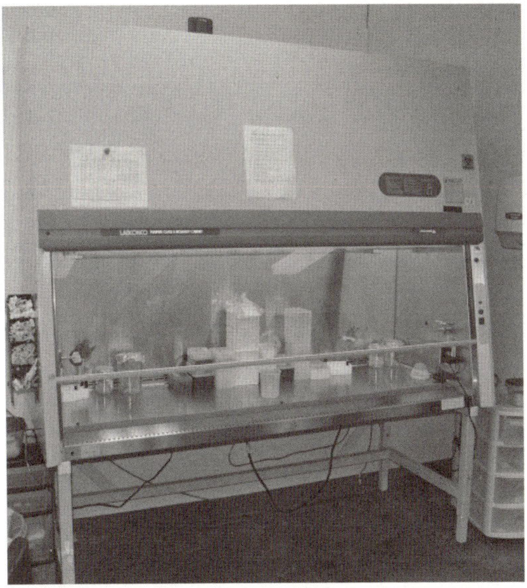

图 5.1　ⅡA 级垂直层流生物安全柜。虽然图中的安全柜很长，但有适用于小房间的短安全柜。

比垂直层流柜更新的设备是“负压排气复合无菌隔离器”（图 5.2）。该设备很昂贵，不适用于不常配置化疗药物的诊所。该设备主要由手套箱和高效微粒空气过滤器组成。隔离器由两个箱子组成。对于放入隔离器的物品，前后要喷洒酒精。放入物品后，需要约 1 分钟后才能再次形成无菌环境。随后将物品放入工作箱。操作员将他/她佩戴有手套的手放入有袖的操作箱配置化疗药。仍需要使用防止雾化的设配预防工作箱被污染，但是工作人员只需要佩戴橡胶或丁腈手套。该设备可以做到对操作者和环境的零污染。因为废物装置位于箱体的底部，操作人员不会有暴露于空药瓶、注射器或其他废物的风险。废物装置由塑料底密封。在废物装置装满时，在移除废物装置时，另一个袋子会锁入废物装置。相近的操作指南参见药典“USP 797”。

图 5.2 负压隔离器。

因为配置化疗药物较少，本指南不适用于小型兽医诊所。但是，在本章废物安全处理部分会有政府有关所有兽医诊所对于化疗药物的准备、储存、废物处理和丢弃的规定。

药物配制安全

绝不要尝试在没有安全防护措施的情况下配制或稀释化疗药物。应使用隔离器、生物安全柜或一个小房间准备化疗药。化疗安全笔(chemo-safety pen)是首选的安全设备。该装置可以使药瓶排出的气体通过 0.22 微米的过滤器。在指示装置变化前，该设备可有效地防止污染。

许多公开发表的研究表明，化疗药物对操作他们的员工有潜在毒性。数篇文章还表明在癌症护理中心接触这些药物的工人，会出现生殖系统受损。在生物安全柜中配制药物，气溶胶会通过装置的高效微粒空气过滤器过滤。但是，如果没有安全柜，你将污染工作区域且有可能会暴露于化疗药物。研究证明即使使用化疗安全笔，化疗药物仍会污染工作台表面、周围的区域和操作者的手套。大多数化疗药物是在海平面大气压下制作的，在高海拔处瓶内具有正压。当插入针头、化疗安全笔或其他装置刺入小瓶时，会有气体和药物颗粒从小瓶中泄漏到周围环境中。所以，在配置小瓶中的化疗药物时要特别小心，并使用所有的防护措施防止化疗药泄漏。

目前有两种新的混合化疗药物的系统。一种(PhaSeal)为“封闭系统药物传输装置”，另一种(Onguard)为“载药系统”，两者都优于早期的化疗安全笔。尽管两个系统都很好，但是职业安全健康与安全管理局仍建议在安全柜或隔离器中使用这两种系统。

Onguard 系统使用一个锁定帽固定于药瓶，在刺破药瓶的橡胶塞前锁紧固定帽。该锁定帽由 0.22 微米的过滤器和二次过滤的活性炭装置组成。活性炭可以吸附没有被过滤器吸附的毒性物质。一种特殊的注射器附有锁扣，可以连接于该固定帽。在稀释和抽出药物时进出药瓶的气体都会通过过滤器。所以气体仍会从药瓶中排出，但是是经过双重过滤的。该系统可以使用阳性无针缩口连接于静脉注射装置，为患病动物给药。无针系统的优势在于可以避免针头造成的意外损伤或污染。

与 Onguard 系统不同，PhaSeal 系统可以防止所有药瓶中的气体和微粒扩散到周围的环境中。PhaSeal 在刺破玻璃瓶橡胶塞的防护帽上连有针头。针旁会出现一个气囊用于接收从药瓶中排出的气体和微粒。使用时针从防护桶中刺出，穿过双侧膜进入药瓶。该鲁尔接口锁定注射器针头包含在一个望远镜式（图 5.3 和图 5.4）的塑料桶中，这个设计可以防止发生意外刺伤。注射器和防护帽锁在一起，用注射器的橡胶膜和药瓶的橡胶膜接触，形成一个干性的连接。当针头退出药瓶，它会缩回塑料桶中。因为橡胶膜为干性连接，所以在配置药物时药瓶中的微粒不会泄漏出来。如果药物需要用大量液体稀释，如 150 毫升的电解质溶液，使用同样的另一个锁定封闭系统将其与静脉注射系统相连，将药物注入静脉输液袋。一个类似的锁定装置用于给予药物，装置通过鲁尔锁连接于导管，针头通过双层膜进行干燥连接。PhaSeal 系统的四个部分可以给技术员或药剂师在配置和给予化疗药物时提供最大的防护。对于偶尔给予化疗，这些封闭和包含系统价格合理，可以直接向客户收取。

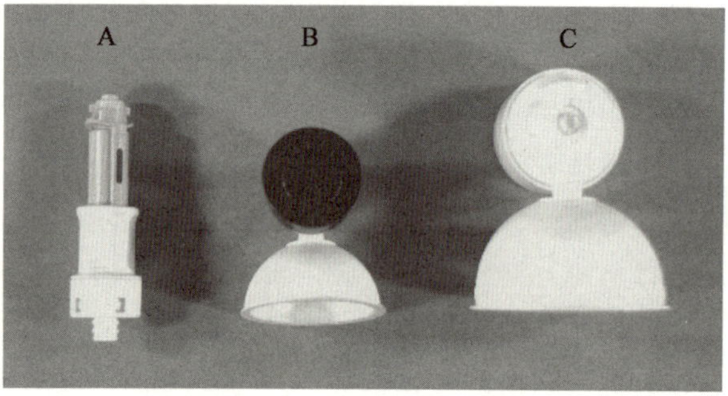

图 5.3 配置化疗药物所需的 PhaSeal 组件。（A）注射器：将针头连接于该装置，将药物从药瓶中安全地抽出。（B，C）两个型号的防护装置。该装置可以在吸收抽药时，药瓶中的正压和气溶胶可避免形成气溶胶的风险。

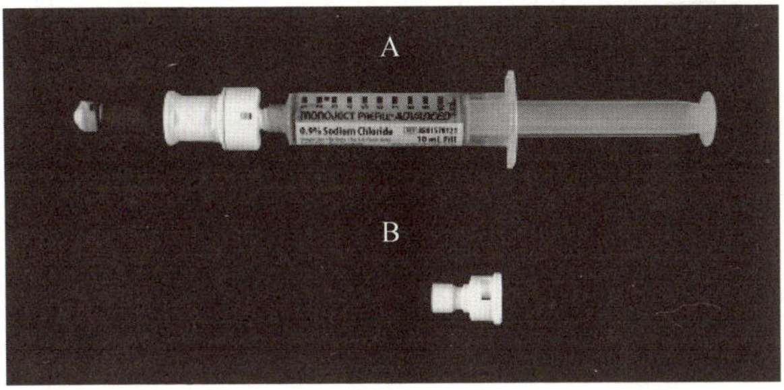

图 5.4　给予化疗药物时所需的组件。(A)连接有注射装置的冲洗注射器。(B)鲁尔锁连接装置。该装置连接埋置于患病动物的导管,提供封闭系统,防止药物暴露。

药物给予安全

为了给予化疗药,需要埋置新的专用导管。仅使用带有注射器的针头静脉给予化疗药物将会增加患病动物和操作人员意外暴露于化疗药的风险。患病动物可能从保定人员的手中逃出,导致针头从血管脱出,进而造成针头刺伤或导致你、保定人员和局部或周围的患病动物暴露于化疗药。许多化疗药物在注射到血管周围时,对正常组织有很大毒性。在开始给予化疗药前和化疗药给予后,冲洗导管以确保导管在静脉中和确保移除导管时导管中没有残留药物。通过冲洗导管,还可以确保动物接受所有预定的药物,在移除导管时没有药物残留。

许多癌症药物,可通过口服方式由主人在家给予。这些药物可以在诊所分配或者向药房预定。指导主人在接触这些药物时佩戴手套,小心地接触他们宠物的唾液、尿液和粪便,在一段时间内这些排泄物可能含有化疗药物或其代谢产物。有时为了给予动物合适的剂量，必须对药片进行分割。将药片变成粉末是一种降低分割时风险的方法。不要尝试在没有粉末密封手套箱的兽医临床诊所将化疗药物装入胶囊。类似于封闭隔离系统，粉末密封手套箱不同之处是含有粗过滤装置防止药粉堵塞高效微粒空气过滤器(HEPA)。兽医病例使用人类癌症药物时，通常需要剂量较小，应将人类药物粉碎后与其他粉末混合再分装至胶囊。粉末密封手套箱可以限制混合过程中产生的毒性粉末，防止其污染周围环境和操作人员。

虽然不建议，但如果化疗药物的药片必须分割，且主人希望在家里分割，指导主人佩戴面具和手套，切割药片时要小心且要使用药片切割器。如果技术人员、兽医或药剂师经常为患病动物分割药片，他们将过度地暴露于高水平的毒性药物。主人在为他的宠物切割药片时也会暴露于化疗药，但这个水平通常无害。向主人提供乳胶或丁腈手套，教他们如何降低分割和给予化疗药物时的风险。

安全处理废物

适当地处理危险废物对所有人都十分重要，并且也是环保局(Environmental Protection Agency [EPA])和其他政府部门的职责。最近研究发现，饮水中含有可以测量的药物，这些药物并没有被饮用水处理系统过滤掉，其中浓度最高的是"内分泌干扰"的激素类药物，大部分来源于避孕产品和治疗更年期的激素。这些药物和他们的代谢产物通过我们的身体进入污水。在饮用水中还可能有抗生素、止痛药、镇静剂、抗抑郁药和化疗药。将废弃的药物或过期的药物冲入下水道是人们长期的习惯。

当人类化疗时，在一定时间内他们的粪便和尿液含有化疗药物，但这些废物通常会进入废水处理系统。含有铂的化疗药物，如顺铂或卡铂，给药 5 天后仍可在患者尿液中检测到。对于癌症动物更应关注他们的排泄物。因为动物很少用厕所，这增加了人类和其他动物暴露于化疗药的风险。提示主人他们动物的排泄物可能是有害的，避免直接接触尿液、粪便或呕吐物。为了保护小孩和他们的宠物，指导他们使用塑料袋捡起粪便和用水冲洗尿点。至少有 7 个政府组织负责管理你诊所的有害废弃物，这些部门都关注你如何处理诊所的有害废弃物。它们是：

- 环保局(EPA)
- 职业安全健康与安全管理局(OSHA)
- 缉毒署 (DEA)
- 美国核管理委员会 (USNRC)
- 国家公共卫生和环境(State Department of Public Health and Environment)
- 美国国家职业安全卫生研究所(NIOSH)
- 交通部(DOT)

这些组织通常更关注人类医学产生的废物。然而，他们也关注到：兽医诊所也有可能污染饮水和使人意外暴露于传染源、核污染和细胞毒性废物。他们对兽医诊所实施同样的废物处理指导。这些组织会突击检查你的诊所是否按照法律处理废物。

废物处理标准

废物处理标准适用于兽医诊所和人医诊所。特殊颜色的废弃物容器用于收集有害废物。颜色提示它们所含的废物种类，黄色代表化疗废弃物，红色代表传染性废弃物，黑色为资源保护和回收法案(RCRA)的废物。这些标准由大型废物处理商制定。目前用于终端用户，如人医和兽医诊所。例如，连锁的诊所将化疗废物收集在一起并集中处置，这违反了州和联邦关于危险废物运输的法律。限制，只有持有“危险废物处理执照”才能运输这些废物。如果从自己的诊所将化疗废物运送到当地的人类医院做适当的处理，因为你车中有化疗废物，你将面临监禁和无照运输有害废物的罚款。

资源保护和回收法案（RCRA）用字母表示有害废物。字母“P”和“U”表示有害药物。这两类有害化学物质通常存在于医疗场所。在你诊所中“P”的废物可能有：

- 犬恶心丝虫的药物
- 肾上腺素
- 消化甘油
- 华法林

根据资源保护和回收法案，多数化疗药物属于字母“U”。

对于兽医和技术人员，认识有害废物的分类和知道如何在诊所中处理它们十分重要。对于这些废物有特定的指导方案和特定的容器，资源保护和回收法案的容器是黑色的，容量为 1、2、5 加仑。必须用字母“P”和“U”标记这些容器。

配置和给予化疗药物的废物时浓缩废物或污染废物。浓缩废物为原始药瓶、配药时用的针头和注射器。这些废物应放入黑色的根据资源保护和回收法案容器。污染废物，如手套、长外衣、给药装置和输液袋，丢入黄色的废物装置。黄色指示化疗废物。

兽医诊所处理任何资源保护和回收法案药物或化疗药物必须持有有害废物处理执照。废物容器必须从相同的供应商处购买。废物容器还有密封的盖子，只能在添加废物时打开。资源保护和回收法案规定黄色容器可以存储 30 天或直到有人取走。有执照的废物处理人员将收走废物容器，替换新的容器，并将旧的废物容器送至他们的收集处。联系废物处理服务是遵守州和联邦法律最经济的选择。

环保局负责执行州政府关于适当处理医疗废物的法案。政府机构总是在寻找危险废物污染的来源。他们已经对人医院、药房和医疗诊所进行检查。他们目前可以检查兽医诊所可能产生的污染物。他们有权进入你的诊所，观察你如何处理危险废物。如果你使用正确颜色的容器并通过有执照的废物处理机构处理废物，那么你的诊所是合规的，不会检查出问题。所有的这些防护措施可能十分昂贵，但是我们应对我们的环境负责。

附加阅读

Department of Transportation (DOT). More information on hazardous material transportation violations can be found at the DOT, Office of Inspector General (OIG) web site. [http://www.oig.dot.gov/oversight-areas/criminal-investigations/hazardous-materials-pipelines].

Harrison BR. 1989. Exposure to hazardous drugs: Time to reevaluate your program? *Am J Health Syst Pharm* 56 (14): 1403.

National Institute of Safety and Health (NIOSH). Safe Handling of Hazardous Drugs for Veterinary Healthcare Workers, 2010. [http://www.cdc.gov/niosh/docs/wp-solutions/2010-150/pdfs/2010-150.pdf].

Occupational Safety Health and Safety Administration (OSHA). Prevention of Employee Exposure, 1999. [http://www.osha. gov/dts/osta/otm/otm_vi/otm_vi_2. html#5].

Skov T, Maarup B, Olsen J, Rørth M, Winthereik H, Lynge E. 1992. Leukaemia and reproductive outcome among nurses handling antineoplastic drugs. Br J Ind Med 49(12):855-61.

U. S. Pharmacopeia (USP). USP797, Guidebook to Pharmaceutical Compounding: Sterile Preparations, 2008. [http://www.usp.org/products/797Guidebook/].

6 进行化疗的工作流程

Kenneth Crump

要　点

- 对于癌症的焦虑和周期性就诊会使动物和客户感到厌烦
- 在初诊时，调查行为史很重要
  - 将动物不可预测的行为记录于病历最前面，以引起其他工作人员对宠物行为问题的注意
- 化疗动物应从颈静脉采集血样
  - 保护外周血管的完整性十分重要
- 繁忙的治疗室不适合给予化疗药物
- 是否使用镇静剂由兽医决定，并告知畜主
- 在化疗时，适当地保定动物是必要的
- 诊所的软技能可确保动物成功化疗
- 分配或给予化疗药片或胶囊时的基本建议
- 不应使用含有针的装置给予任何化疗药物
- 埋置化疗药的导管必须一次成功
- 商品化的化疗给药系统可以增加安全性，减少意外暴露
- 使用流程表跟踪每个患病动物
- 每次治疗为畜主提供一个书面的介绍，以减少焦虑

引　言

近年来客户对于宠物癌症先进诊断和治疗的需求越来越高，这使得兽医了解如何给予化学治疗十分重要。随着安全设备的发展，目前在使用少量专业设备的条件下，许多私人小诊所也可以执行多种化学治疗方案。兽医技术人员在治疗癌症宠物的过程中发挥着核心作用，应采取所有必要的措施降低化疗对于动物及所有兽医团队的风险。对于宠物、客户和动物医院员工，化疗的成功不仅取决于细心地对待技术工作，还要做好客户服务的软技能。

问　候

客户判断医院、员工和其服务的好坏的一种方法是观察他们的动物对治疗的反应。换句话，宠物是否喜欢到医院就诊与治疗效果好坏同样重要。

对于一些动物和其主人，去医院就诊会让他们感到紧张。随之会产生对于癌症诊断焦虑和对周期性就诊的厌烦。主人会对预约化疗的到来感到不安。他们的宠物可能会感知到主人的焦虑并“表现出”恐惧行为。每次就诊造成的应激和不适会导致将来的就诊越来越困难。因为多数化疗方案都需要多次就诊，所以帮助主人和他们的宠物在就诊时感到舒适对所有人都有益。在宠物开始首次化疗时，就要进行初始病史记录。在开始治疗时了解宠物的个性和行为，可有效地减轻动物的应激。在初诊时，行为学评估是病史的重要一部分。

研究表明，仅有25%的兽医有向主人询问动物行为的习惯。宠物主人可能不会意识到与你讨论他宠物的行为会与癌症相关，所以他不会向你提及他宠物的行为。因此询问动物行为是病史调查重要的一部分。可以询问如下问题：

- 对于你的宠物，有什么是你不愿做的？
- 什么样的事情会吓到你的宠物？
- 当他或她害怕时会做出怎样的反应？
- 他或她对于新环境或陌生人的反应是什么样的？

对行为进行描述而不是解释。主人可能对其宠物行为进行模糊的、主观的描述，如“在门铃响时，他会变得十分狂躁。”这时应引导他进行具体的描述，询问“他那时是什么样子？”

还要记录宠物在诊所时的表现。在病例中记录动物所有偶然出现的害怕、威胁和攻击行为，并将该信息与其他工作人员分享。将动物不可预测的行为记录在病历最前面，以引起其他工作人员注意宠物有问题的行为。将动物的行为问题告知兽医，这样兽医才可以和主人讨论行为问题。应避免在没有兽医的授权下，与主人讨论改善行为的建议和治疗方法。在某些情况，很难用文字描述与主人沟通时的困难，所以仅与主人讨论动物行为，避免形成宠物是“坏的”的印象。

兽医技术人员可使用许多方法来安抚“第一次”进行化疗的动物。兽医技术人员知道大多数人接触犬的方式会被犬误认为是威胁。犬在陌生的环境中，直接对视、正面直接接触、接近或超过他们的身体和倾斜身体可能会被误认为是“侵犯”。猫同样会感到威胁。相反，你应当从侧面成一定角度地慢慢接近而不是从正面。看向地板或侧面，保持动物在你的余光中，不要直视动物的眼睛。这些简单的技术可以帮助你在接触动物时减少对患病动物的刺激。当客户看到他们的动物平静且适应了新的环境，客户也会放松，这样就可以缓解他们的焦虑。在你和化疗动物交流时，假设你是宠物喜欢的“叔叔”或“阿姨”，疼爱它们并在它们做出积极的反应时给予适当的奖励。你的目标是在每次预约化疗时，动物主动带着自己的主人从车上来到诊所门口。

治疗前检查

初始的友善不代表动物不会反抗保定和处置。不要假设动物可以忍受所有检查和其他操作。评判他们情绪状态和意图的最好方法是仔细观察动物的姿势。患有癌症的动物通常是老年动物，它们通常能更好地在地板上接受检查而不是在桌面上。更多细节参见第 4 章，如何获得高质量的体温、脉搏和呼吸频率和进行体格检查。

许多化疗药物都会影响骨髓生成细胞的能力，所以在每次就诊时都要进行白细胞的评估。白细胞中的嗜中性粒细胞在免疫系统中发挥着重要作用。动物嗜中性粒细胞过低会导致化疗推迟。你所在的兽医诊所会制定可接受的最低嗜中性粒细胞数值。你需要知道那个数值。

因为许多静脉(IV)注射的化疗药物是糜烂剂，如果泄漏到血管外会造成组织损伤，保证外周血管的完整性十分重要。所以应从颈静脉采集所需的检测的血样。从静脉抽血是一个获得性技能，需要通过不断练习才能掌握。一个简单获得自信的方法是寻找你见到的各种类型和大小的动物的颈静脉。采样过程中，寻找颈静脉是常见的困难，刺破静脉是比较容易。一旦你定位、触诊和暴露最大的血管，将针扎入血管是一件很容易的事情。

无论是在地板上还是桌子上保定动物很大程度上取决于动物的大小。保定人员使动物的脖子暴露，还要防止动物用前后爪抓你(图 6.1)。如果你确实担心动物行为，可以使用口套，这可以让你专注于动物的脖子，不分心到是否会被动物咬伤。

动物头部接近自然位置，与脖子的角度稍稍高于 90 度不要过多。颈静脉是由耳基部到胸腔入口的细线。对于你见到的每一个病例触诊和快速暴露颈静脉，不管你是否从中采血，都会增加你的信心。

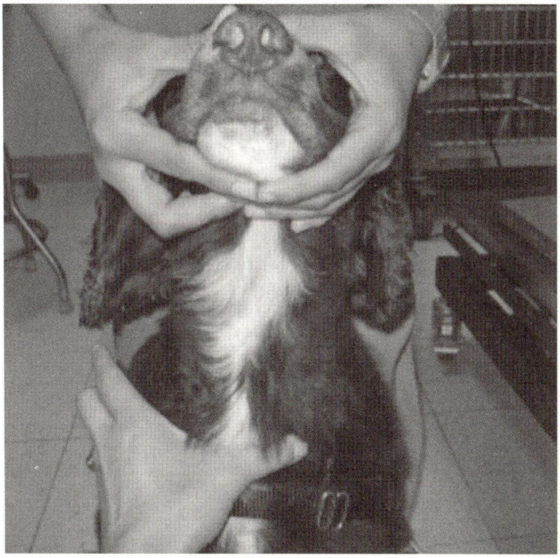

图 6.1 暴露颈静脉,保持动物的头部接近自然姿势。

化疗动物的保定

在给予化疗前,首先要确定是否要给予化学保定。镇静剂和安定剂抑制中枢神经系统,减少焦虑和挣扎。可以帮助减少动物在化疗过程中受到的刺激和减少物理保定。是否镇静由兽医决定,并告知畜主。尽管癌症通常不会影响镇静药物的选择,但是患有癌症的动物通常为老年动物,其他年龄相关的疾病可能会影响到镇静药的选择。必要时,选择起效快、作用时间短的镇静药。药物和药物组合必须尽量减少副作用和尽量选择可逆性的。使用组合镇静剂的原则与使用组合化疗药的对抗癌症原因类似。复合药物比单一药物更有效。在使用复合药物时,要牢记以下几点:

- 组合药物中的每个组分,单独使用会有效
- 避免药物毒性叠加

- 联合给药的剂量应产生最大效果，同时带来最小的副作用
- 最有效的联合给药是联合使用作用于不同机制和不同受体的药物

如之前所提到的，所有人都有自己的习惯。虽然我们平时的习惯并没有什么问题，但是对于化疗的动物最好不要根据习惯而是多花时间仔细考虑是否需要镇静。是否使用镇静最终要由兽医决定。但是你对于日常工作中需要镇静经验与化疗动物需要镇静的经验完全不同。

繁忙的治疗室最不适合进行化学治疗。应选择远离人群、易于控制人员进出的房间。客户通常希望“帮助”或观看化学治疗。出于对客户、患病动物和工作人员安全的考虑，应禁止这种行为。更多细节见第三章，准备适当的化疗给药场所。

相对于被搬到桌子上化疗，年龄大的和大型的癌症患病动物可能喜欢在地板上进行化疗。但是将宠物放在检查台上通常是化疗给药规程的第一步。搬运动物通常是例行公事，但是有时搬运大型动物确实具有挑战。他们的体重可能会令人生畏，他们的体积可能会造成麻烦，他们通常不习惯被搬运。他们的关节可能因为年龄变得十分僵硬，在挣扎时可能会伤到动物、你或两者都受到伤害。出于这些原因，对于进行化疗的大型动物，最好有两个人共同搬运至检查台并一起进行保定。

两个人时，大型动物可以被安全地搬运和平稳地保定。将犬放在桌面上然后再放到保定的两步法，会有动物站在光滑的钢制检查台上的过程，这样会增加动物的不安。所以对于大型犬应当直接让他们侧躺于操作台，所有操作一步完成。许多大型犬因为胸腔过深，在胸腔侧躺时会影响化疗药的输注。但胸腔侧躺对于保定人员所需的力量最小，且可以安全可靠地保定动物。

在搬起动物前要确定从哪条腿输液，进而决定动物向左侧还是右侧倾斜。随后操作人员朝向动物输液侧并排站立。两个操作

人员面对犬屈膝蹲下。靠近头部的操作人员一只手放在前肢与胸部连接处，另一只手像叉车样放在腹中部。另一个操作人员一只手放在后腿前，一只手放在腹中部。两个操作人员一次性地将动物抬到操作台上并侧躺（图 6.2）。头侧的操作人员保持不动并控制动物，尾侧的操作人员绕到另一侧，在适当的位置为建立静脉通路保定动物。

图 6.2 两个操作人员安全地将犬抬到操作台上并侧躺。

对于侧卧的犬进行适当的限制，操作人员站在犬的背侧，一只前臂压住脖子用手控制靠近桌面的前肢，另一只前臂压住胸部，手控制远离桌面的前腿（图 6.3）。如前文提到的，如果担心动物有攻击行为，使用口套。当动物佩戴口套时，你可以减少刚性束缚，这会让你更轻松。技巧比力量更有效；对于动物安全的保定比蛮力更有效。但是，如果犬不习惯戴口套可能会对戴口套罩反感。

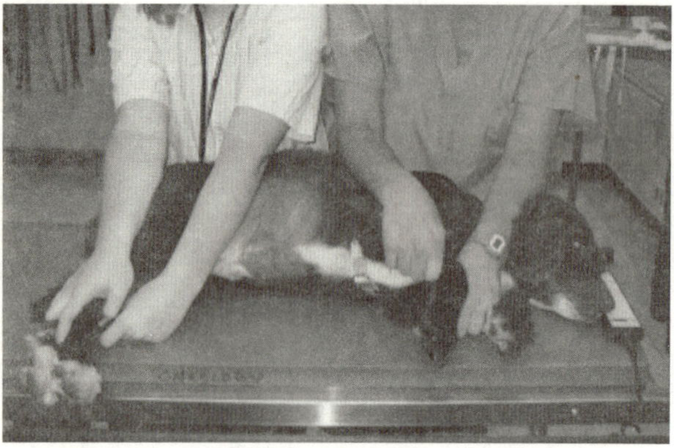

图 6.3 犬侧卧保定技术。

为了使用臂头静脉输注,保持动物俯卧,保定人员在动物背侧。将一只胳膊放在脖子下方,并用那只胳膊的手将犬的头推向你的肩膀,使口套远离你的面部。同时,另一只胳膊绕过动物的背部,用那只胳膊的手抓握住动物的前腿。用手扣住动物的肘部,拇指压在臂头静脉上。轻推动物的手肘使它不能撤回待处理的前肢,旋动你的手使动物的鼓起的臂头静脉位于前臂的正上方(图 6.4)。一旦静脉导管进入静脉,松掉压住静脉的拇指,仍握住动物手肘以控制前肢。

不论侧卧还是俯卧,在给予化疗期间使用适当的保定技术控制动物十分重要。许多细胞毒性药物是糜烂剂。糜烂剂是可以与蛋白质、DNA 和其他细胞成分高度结合的化学物质,它可导致细胞结构改变。当糜烂剂从血管中外渗,接触到周围组织即会发生组织损伤。损伤可为轻度的皮肤刺激至需要多次手术修复的坏死性损伤。更多信息参见第 3 章糜烂剂的管理。

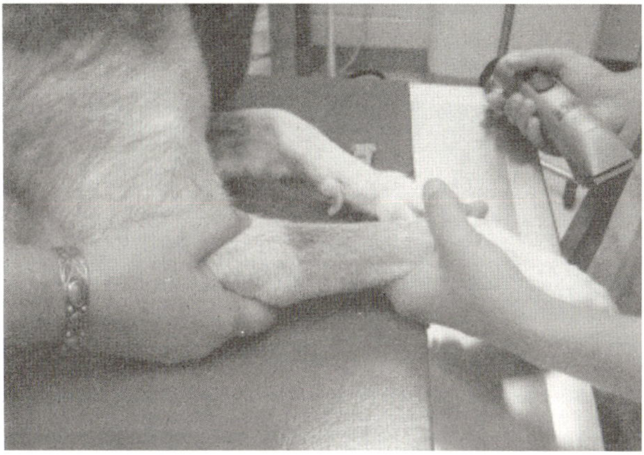

图 6.4 适当的保定以暴露臂头静脉。注意握住动物的肘部防止它撤回前肢,旋转动物前肢使臂头静脉位于前肢正上方。

作为一个团队,静脉输注人员和保定人员共同配合保证癌症动物化疗的安全性和高效性,两个人的工作同样重要,每个人都依赖于他人对工作的专注和细心。每个细节都很重要,当整个团队充满自信和放松,动物也会放松。但是宠物成功的化疗不仅是依靠娴熟的技术,使动物在化疗期间感到舒适并愿意进行下一次化疗,还需要医疗团队掌握软技术。

软技能指可以带来积极感受的无形的东西,在兽医临床,这些无形的东西包括视觉、声音和气味等环境因素,避免使用强烈气味的古龙香水等。创造一个安静的环境,远离关门声、犬叫和应激的猫,还要牢记宠物,特别是犬是伴侣动物。不仅是主人,它们与所有的人互动。这意味着你的行为会影响它们的感受。在给予化疗时,牢记你的患者对你的动作和情绪有反应。在保定和给予化疗时,避免谈话时的情绪变化。注意环境看起来怎样(是否明亮、整洁),听起来怎样(是否一直有人大喊大叫),感觉起来怎样(是否有人愤怒的争吵)。从动物的角度,化疗是一个放松的过程才能解开患病动物就诊不愉快的循环。

给　药

口服化疗药

口服化疗药具有便捷、无侵袭性和有时会相对便宜。但是并不是所有情况都适合给予口服化疗药。以下是分配和给予口服化疗药片或胶囊的基本原则:

- 绝不压碎或切开药片和打开胶囊。
  - 虽然不明智,如果动物的化疗药片必须分割且主人坚持在家中进行,要指导主人佩戴面具和手套并使用药片分割器分割药物
  - 向主人提供面具和手套
  - 告知主人分割药片和给予化疗药片时的危害
  - 让主人将未用完的化疗药物交还给诊所以做适当的处理
- 在处理任何化疗药片或胶囊时,穿戴恰当的个人防护设备
- 当胶囊或药片用食物包裹时,确保动物将所有食物吃完
  - 最好在饲喂完含有药物的食物团后,再给予一个没有药物的食物团以确保先给予的食物团被完全吃下
- 当药片或胶囊需要直接口服时,确保保护药片的外衣不受到破坏,且药片和胶囊被动物咽下
  - 最好在给予完药物后再饲喂一些美味的食物,以确保药物被完全吃下
- 在每次接触完药物后要洗手
- 更多细节参见第 5 章化疗药物药片与胶囊的接触

静脉化疗药

禁止在给予化疗药的区域吃、喝、吸烟、嚼口香糖和涂抹唇膏。任何动物给予静脉化疗药前，通过以下简单几步回顾，提高防护意识和预防发生化疗相关错误导致的动物伤害(第 3 章)：

(1)回顾患病动物病历

(2)回顾动物的血液检查结果

(3)复查药物名称和剂量

(4)复查药物剂量计算

(5)询问不清楚的地方

(6)保证病历记录的精确

静脉注射药物可通过留置针或蝴蝶针给予。给予任何化疗药物，不论剂量多小，都强烈建议使用无针系统。犬最常用的静脉为臂头静脉和外侧隐静脉，猫最常用的是臂头静脉和内侧隐静脉。通常使用较大的前肢静脉(臂头静脉)，更容易安置导管。隐静脉也同样较易安置导管。大于几毫升的液体，通常使用留置针注射。在开始前，确保你已准备好合适的“化疗设备”，见第 3 章。

不建议“初学者”安置用于化疗的静脉导管。虽然初学者可以成功地安置导管，一旦没有成功安置则需要有经验的人进行第二次尝试。需要安置新的专用的导管用于化疗。因为需要外科操作，对于入针点进行广泛的剃毛，为外科操作进行刷洗和消毒。完整的外科准备(不仅仅是酒精棉擦拭)和无菌技术十分重要，因为化疗药会降低动物对与导管引起感染的抵抗力。对于免疫低下的癌症动物重复安置导管会造成严重的后果。很少给予局部麻醉，因为局部注射麻醉药也会造成痛苦。

不要按照安置普通静脉导管的原则，从远心端开始首次尝试。用于化学治疗的导管必须一次性地完美安置。所以，与从远心端血管开始相比，从血管最清晰处开始安置导管可以增加成功率。

如果失败,直接使用另一条腿。通过这样,可以最大程度地预防动物出现药物外渗出血管而造成的损伤。此外,还可以避免多次尝试安置导管造成的血管损伤。

在给予药物前冲洗导管以确保导管通畅,在给予化疗药后冲洗导管以确保移除前导管内没有残留药物。使用生理盐水检查导管是否通畅。避免使用肝素盐水冲洗导管,因为它会引起一些药物的沉淀,特别是多柔比星。使用胶带固定留置针。不要尝试固定蝴蝶针(第 3 章)。在给药期间,导管应暴露于视野中。在给药期间穿戴个人防护设备,并经常检查穿刺部位。在任何时候,如果感到导管有异常阻力、看到局部肿胀或其他反应,立即停止操作直至更换导管或导管阻力恢复正常。在注射完毕后,使用至少 10 mL 生理盐水冲洗化疗导管,保证移除前导管内没有药物残留。这样,可以在移除导管后,保证动物接受了所有化疗药物。之后移除导管,将所有用具放入塑料袋并按照细胞毒性废物处理。图 6.5 至图 6.17 逐步演示了淋巴瘤患犬的化疗给药。

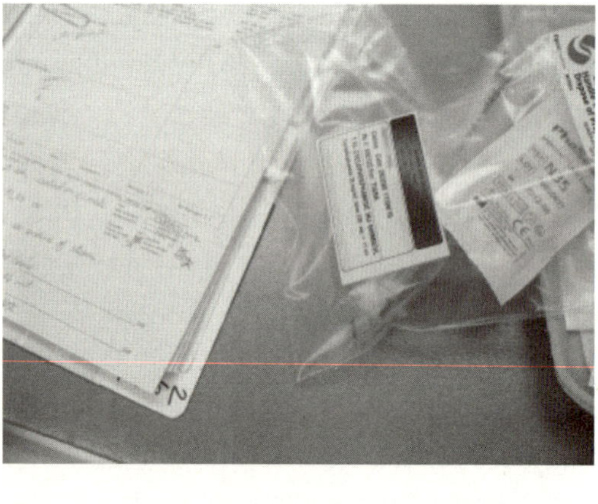

图 6.5 检查病历和检查要注射的药物。患病动物是否无误？药物是否无误？剂量是否无误？

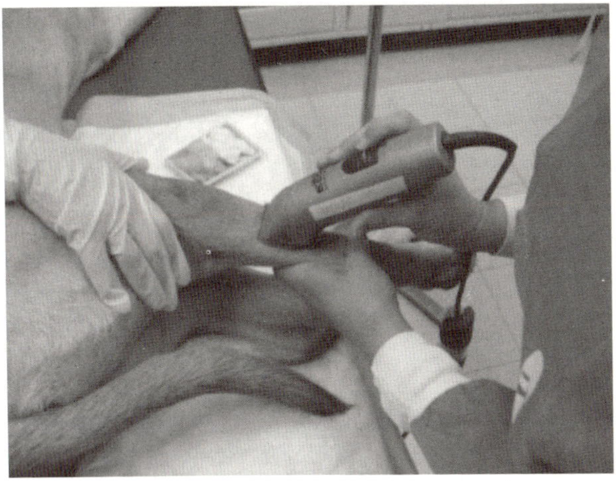

图 6.6 安置导管处剃毛。可以只剃一小部分。

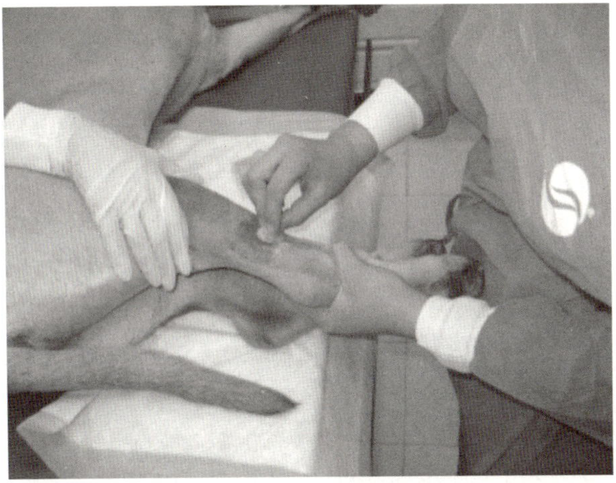

图 6.7 安置导管处预处理。对于降低导管引起感染，完整的外科准备和无菌技术都十分重要。因为化疗药降低抵抗力。

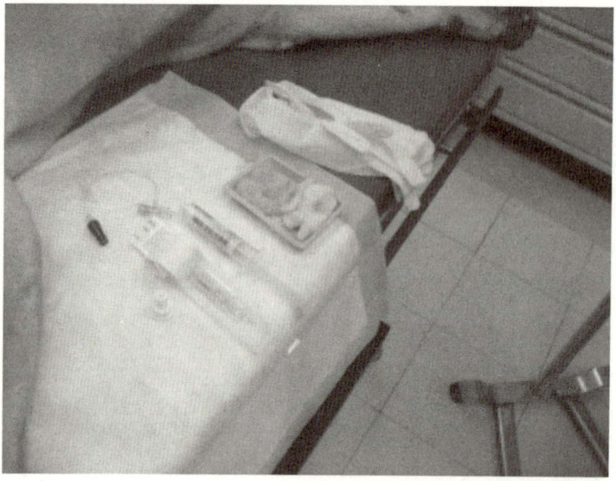

图 6.8 在附近准备好所有的必需用具。这包括打开的胶带、打开的导管、防护设备和冲有盐水的导管和 T-port。注意，在要给予化疗的肢体下方铺设吸收垫。

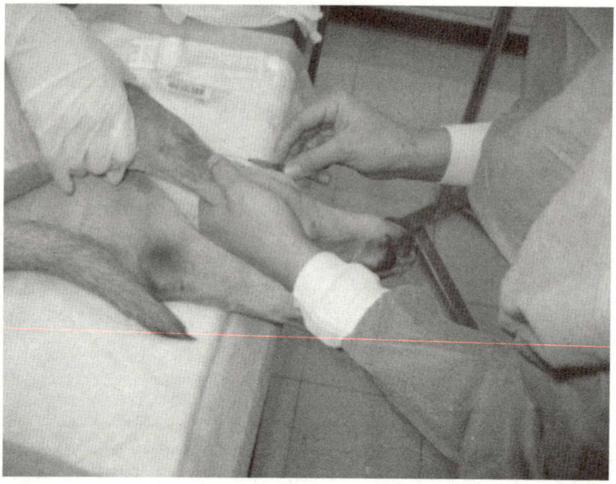

图 6.9 安置导管。牢记用于化疗的导管要一次安置成功。

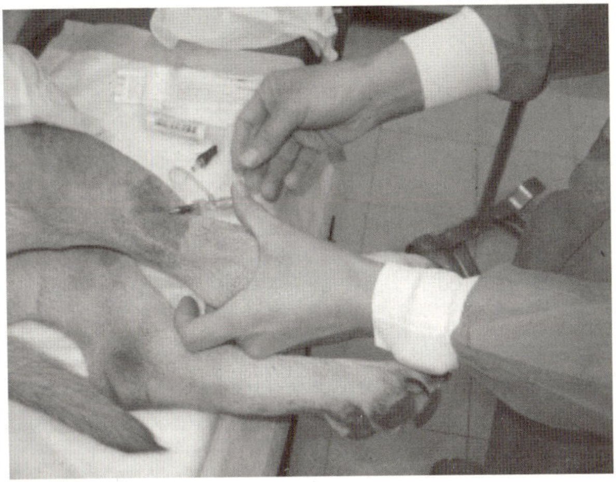

图 6.10 附加 T-port。这个装置可以在腿移动时防止导管被拉出。

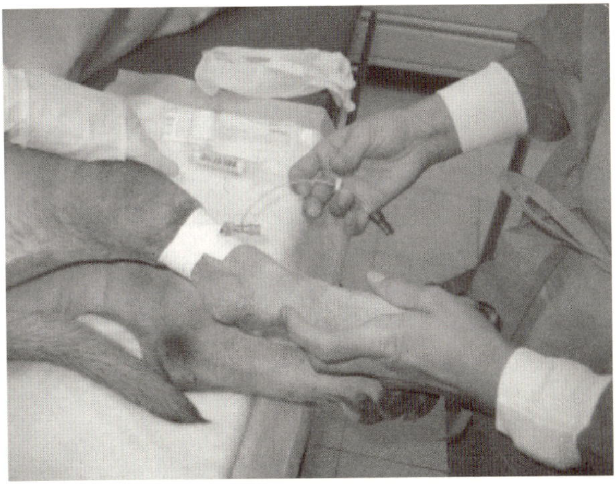

图 6.11 用胶带安全地固定导管。

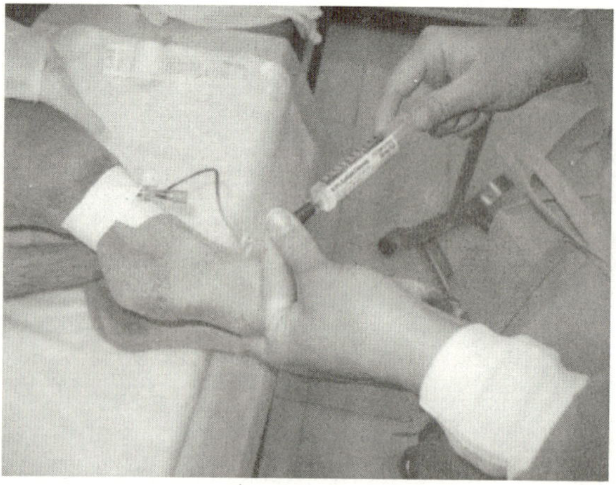

图 6.12 冲洗导管确保导管通畅。仔细观察皮下是否出现水泡或肿胀及注意在冲洗时是否存在阻力，这些都提示导管安置不合适或导管在血管外。回抽观察回血，以确定导管位置合适。

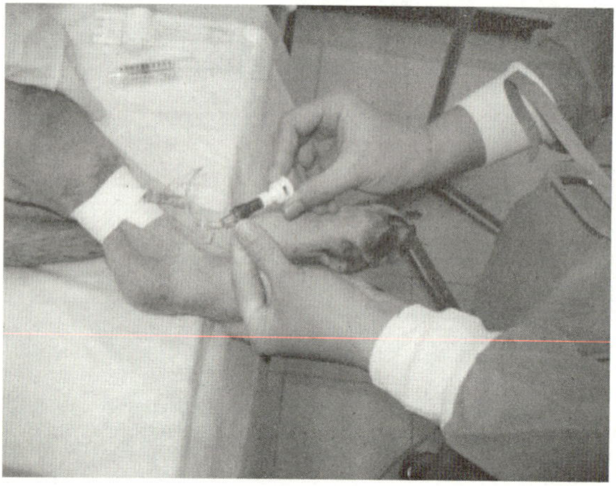

图 6.13 安置 PhaSeal 适配器或其他类似设备至延长装置。

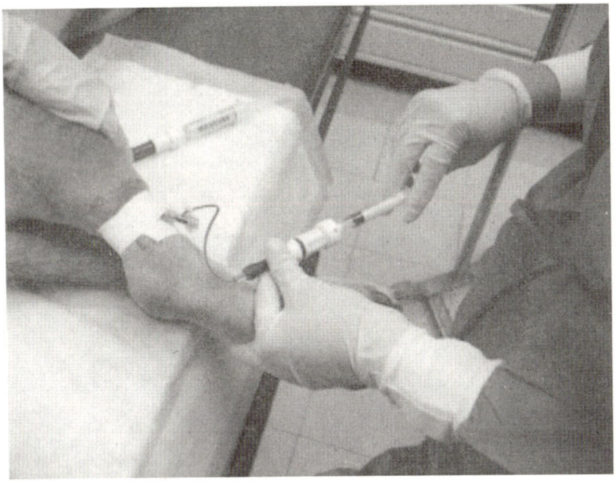

图 6.14 注射化疗药。根据化疗药物，注射速度差异很大。

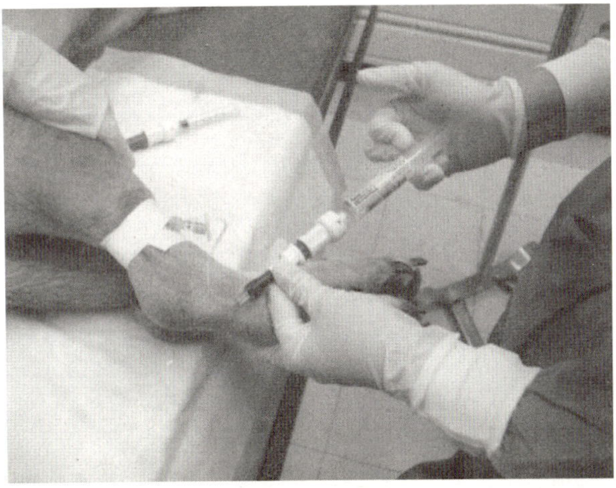

图 6.15 在化疗后用盐水彻底冲洗导管。这确保导管内没有残留药物，这些药物可能在拔出导管时损伤皮肤或皮下组织。

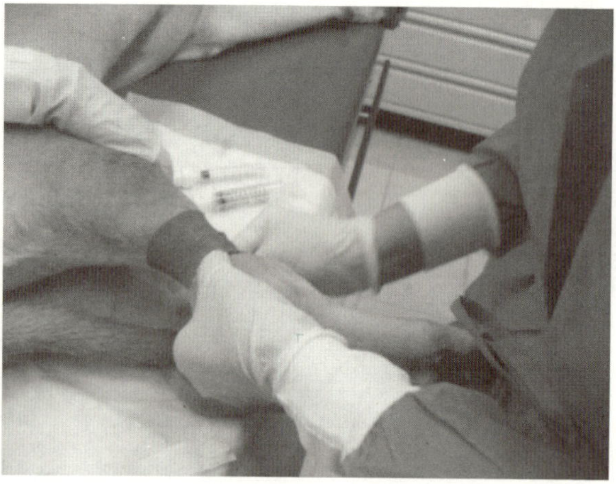

图 6.16　移除导管并安置绷带。绷带通常由一小段弹性绷带或黏附胶带和棉球或折叠的海棉纱布组成。

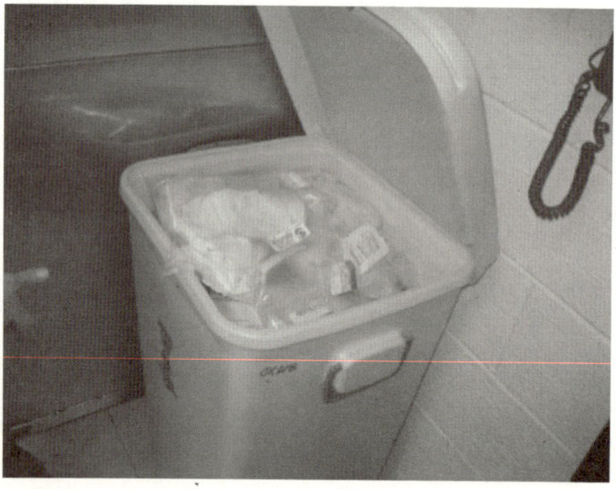

图 6.17　将所有与化疗药物接触的废物(导管、注射器、T-ports、吸收垫等)丢入细胞毒性废弃物容器。

目前有两种用于化学治疗的系统。PhaSeal® 系统是“封闭给药系统”。Onguard® 为“包含给药系统”。两个系统都可以为医院工作人员提供安全保护并降低意外化疗药暴露。两个系统主要由四部分组成。因为这些系统很易用，通过简单快速的训练即可用于临床(第 5 章)。

给药速率是由药物的种类、体积及兽医制定的方案共同决定。以长春新碱为例，通常药物体积很小，可用过蝴蝶针在几秒内缓慢地推注。像多柔比星之类具有外渗风险的药物，则需要通过留置针缓慢地注射。注射顺铂时，需要提前静脉输液水化，随后缓慢地输注药物。整个的给药时间可能需要 6～8 小时。见第 7 章化疗给药途径和速率的常规指导。

皮下/肌肉注射给予化疗药

一些化疗药，如阿糖胞苷和天冬酰胺酶(第 7 章)，通过皮下(SQ)或肌肉(IM)给药。虽然可以通过 PhaSeal 或 Onguard 装置在溶解和抽取药物时进行防护，但是在注射时会使用没有防护的注射器针头，这会增加暴露风险。没有防护的针头会增加意外药物遗洒、错误注射和针头误伤的概率。注意你、你的同事和工作的环境在注射时最容易受到污染。在皮下或肌肉注射时，穿戴个人防护设备十分重要。

在皮下注射时，让皮肤形成皱褶，在皱褶基部入针，针平行于褶皱的长轴。如果针头垂直于皱褶，针有可能穿透两侧皮肤，你可能将药物注射到动物的毛发上。轻轻地回抽并检查针头接口处是否有血液或气泡。血液提示针头扎入了血管。气体提示扎透了两侧皮肤。两者都提示需要重新入针。

通常向腰肌注射化疗药物，从外侧向背部脊柱侧入针。穿戴个人防护设备，拔出20～22号针头的针帽并与注射器连接，使用拇指和食指固定注射部位肌肉。将针头扎入肌肉并回抽，观察针头连接处是否有血。如果观察到有血，在另一个部位重新入针。一旦确定针头在合适的肌肉位置或皮下（在针头接口处没有血液或气体），缓慢地注射药物。随后拔出针头。

注意针头损伤。国家职业安全与卫生研究所（NIOSH）估计有62%的针头损伤发生于皮下注射，其中42%发生于针头使用后至丢弃前这段时间。这意味着针头损伤和使自己接触化疗药物高发于针头从动物撤回至丢弃这段时间。研究发现，25%的针头损伤发生于向使用过的针头盖针帽的过程。职业安全与健康管理局（OSHA）建议在有其他方式的情况下，禁止使用手向针头再盖针帽。所以，如果你在丢弃针头前必须再盖针帽，操作时要十分小心。

化疗流程表

流程表是跟踪化疗动物的有效方法。为了便于参考，在每次就诊时使用固定的表格。化疗流程表样表见附件6.1。它包含：

- 日期
- 医师姓名
- 患病动物体重
- 药物名称
- 剂量

- 给药途径
- 使用的肢体
- 不良反应
- 给药人员姓名
- 如果需要使用，镇静药物的种类和剂量

化　疗　后

人们知道你有多在乎他们时才在乎你知道多少。

作者 John C. Maxwell 常引用这句话解释医学基本常识。在每次化疗后进行电话回访，可以向客户展示你有多关注他们的宠物和他们。这还可以让你更早地了解你的病例对于化疗的承受能力并在并发症变得严重前处理它。

每次治疗后，向客户提供一页书面治疗概述让他带回家，这可以改善人们对于化学治疗的焦虑。治疗概述的例子见附录 6.2。概述包括：

- 表明在几天内，工作人员会进行回访
- 本次就诊动物接受化疗药物的名称
- 可能出现的副作用及其处理方法
- 有关家庭化疗相关安全的提示

附录 6.1 化疗流程表样表

<table>
<tr><td colspan="9">化学流程表</td></tr>
<tr><td colspan="3">客户，动物______</td><td colspan="3">病历号______</td><td colspan="3">诊断______</td></tr>
<tr><td>日期</td><td></td><td></td><td></td><td></td><td></td><td></td><td></td><td></td></tr>
<tr><td>医师</td><td></td><td></td><td></td><td></td><td></td><td></td><td></td><td></td></tr>
<tr><td>体重</td><td></td><td></td><td></td><td></td><td></td><td></td><td></td><td></td></tr>
<tr><td>药物名称</td><td></td><td></td><td></td><td></td><td></td><td></td><td></td><td></td></tr>
<tr><td>剂量（计算）</td><td></td><td></td><td></td><td></td><td></td><td></td><td></td><td></td></tr>
<tr><td>给药途径</td><td></td><td></td><td></td><td></td><td></td><td></td><td></td><td></td></tr>
<tr><td>使用肢体</td><td></td><td></td><td></td><td></td><td></td><td></td><td></td><td></td></tr>
<tr><td>不良反应</td><td></td><td></td><td></td><td></td><td></td><td></td><td></td><td></td></tr>
<tr><td>给药人员</td><td></td><td></td><td></td><td></td><td></td><td></td><td></td><td></td></tr>
<tr><td>在家给予的药物</td><td></td><td></td><td></td><td></td><td></td><td></td><td></td><td></td></tr>
<tr><td>镇静</td><td>YES
NO</td><td>YES
NO</td><td>YES
NO</td><td>YES
NO</td><td>YES
NO</td><td>YES
NO</td><td>YES
NO</td><td>YES
NO</td></tr>
<tr><td>镇静用药物</td><td></td><td></td><td></td><td></td><td></td><td></td><td></td><td></td></tr>
</table>

注释：

附录6.2 出院说明样本

在接下来的几天，我们将会有工作人员联系您，了解动物的最新情况和解答您关注的问题。下面是有关您动物接受化疗的相关信息及化疗安全的相关指导。

长春新碱（安可平®）

长春新碱（安可平）用于治疗多种癌症。通常需要几分钟的静脉注射给药。给药过程没有痛苦，动物仅需侧卧在铺有垫子的桌子上且很少需要镇静。

虽然任何化疗都可以造成严重的副作用，但是您的动物仅有5％的概率需要住院治疗化疗引起的副作用，且因为化疗副作用而导致死亡的概率小于1％。作为主人，在发现副作用中你起到重要作用，如果可能在家里控制副作用，如果副作用持续存在及时联系兽医。下面列出了一些长春新碱可能的副作用。请向您动物的医师咨询任何有关本次化疗的问题。

长春新碱可能的副作用

- 脱毛
  - 宠物脱毛很罕见
- 白细胞数量减少（嗜中性粒细胞减少）
  - 嗜中性粒细胞减少会影响您宠物抵抗感染的能力
- 胃肠道不适
  - 许多患病动物在化疗后的2～7天会出现胃或肠道的不适
  - 如果动物出现反胃（流口水、舔嘴唇、呕吐）或食欲减退，给予治疗恶心的药物
  - 如果动物出现腹泻的症状，给予治疗腹泻的药物
  - 随时保证充足的饮水

  ○ 如果有疑问或者症状超过 24 小时，电话联系您的兽医

- 组织损伤

  ○ 如果给予化疗的部位出现疼痛或红肿超过 24 小时，联系您的兽医

安全

您的宠物在每次就诊接受化疗后需要特殊的安全防护措施。在每次化疗后的 72 小时，您宠物的粪便和尿液是被污染的。为了您的安全，请遵循以下指导：

- 如果您处于怀孕期或哺乳期，避免清理猫砂或任何可能的接触物
- 在清理猫砂、笼子等中的粪便和尿液时佩戴手套
- 冲洗废物或者将废物放入自封袋后再丢弃
- 如果你的动物在家里排泄，清除固体废物后用水进行冲洗。随后用清洁剂清洗，并用水再次冲洗
- 弄脏的床单需要单独进行常规清洗
- 如果出现皮肤意外暴露，立即使用肥皂和水清洗

7 化疗药物

Douglas H. Thamm

要　点

- 化疗是唯一的全身性癌症治疗方法
- 化疗药物根据其作用机理和是否只作用于正在分裂的细胞进行分类
  - 细胞周期特异性药物
  - 非细胞周期特异性药物
- 联合使用细胞毒性药物是一种有效的方法
  - 减少耐药
- 了解给药途径，给药速率/持续时间和特殊禁忌/特别预防措施是化疗成功的关键

引　言

与手术和放疗只作用于局部区域不同，化疗是仅有的全身性治疗癌症的方法。尽管为动物设计的化疗副作用风险低于人类，一些患病动物仍会出现副作用。对主人进行风险和副作用的教育十分重要(更多信息见第 1 章和第 8 章)。

虽然本书的其他章节包含了客户教育、化疗前评估、给药技术和处理副作用的原则，本章的目的是提供每种化疗药的快速参

考——它们的适应证、毒性、给药途径和技术。更多关于给药的剂量和规程，参见本章末尾的附加阅读。

化疗药物根据作用机制及它在细胞周期的作用位点分类。只作用于特定细胞周期的药物称为细胞周期特异性药物。作用于所有细胞周期的药物称为非细胞周期特异性药物。非细胞周期特异性药物可以同时杀伤处于细胞分裂周期和静止期的细胞。随着细胞死亡，处于静止期的细胞会被“唤醒”进入细胞周期，这些细胞会对之后的化学治疗更敏感。唤醒的细胞会在尝试复制自己时死亡。各种药物杀伤细胞的比率取决于药物在机体中的浓度和其与肿瘤的接触时间。

联合使用细胞毒性药物是重要的、有效的化学治疗手段。当联合使用时，每种药物的效果会被增强。联合使用药物还可以减少药物的剂量相关性毒性。联合使用化疗药物还可以帮助减少肿瘤耐药，一个细胞对于一种化疗药耐药可能对另一种联合使用的化疗药物敏感。

治疗剂量和方案由肿瘤种类和化疗方法决定。在大多数病例，宠物余下来的生命中需要周期性的化疗来控制肿瘤。为了达到最大的治疗效果，药物剂量或药物组合必须造成最小的毒性以达到最大的效果。许多化疗药物治疗窗口非常小。这意味着大多数化疗药物的治疗剂量与中毒剂量十分接近。

下面的信息嗜中性粒细胞减少和胃肠道毒性的风险分为 3 级（0，＋，＋＋），0 代表罕见，＋＋代表常见。需要注意的是即使是＋＋，也仅有少于 1/3 的动物会出现问题。

放线菌素

其他名称：更生霉素

适应证：犬（很少用于猫）淋巴瘤

给药途径：只可静脉(IV)注射！

给药方法：2～5 分钟内缓慢推注。注射前可使用盐水稀释

毒性：白细胞减少：+/++；胃肠道毒性：+

特殊注意事项：

- 即使轻微地外渗于血管外，也可以造成严重的组织损伤

天冬酰胺酶

其他名称：门冬酰胺酶、左旋天冬酰胺酶

适应证：与其他药物一起治疗犬和猫淋巴瘤和白血病

给药途径：皮下(SQ)或肌肉(IM)。绝不能静脉注射！

给药方法：快速注射

毒性：白细胞减少：0；胃肠道毒性：0

特殊注意事项：

- 在注射后可能会出现过敏。如果天门酰胺酶静脉注射，这种过敏有可能是致命性的。动物在注射后需要留院观察 60 分钟

卡　铂

其他名称：伯尔定

适应证：犬猫癌症和黑色素瘤，犬骨肉瘤、猫疫苗相关肉瘤

给药途径：静脉(IV)；偶尔病变内注射(瘤内注射)或体腔注射

给药方法：5～10 分钟缓慢推注

毒性：白细胞减少：++；胃肠道毒性：0/+

特殊注意事项：

- 肾功能减退的动物慎用
- 小型犬腹泻的风险会增高

苯丁酸氮芥

其他名称:留可然

适应证:犬和猫的慢性淋巴瘤和低等级的淋巴瘤。偶用于淋巴瘤用于替代环磷酰胺

给药途径:只能口服(PO)

毒性:白细胞减少:+;胃肠道毒性:0/+

特殊注意事项:

- 长时间使用可能会出现血小板减少

顺　铂

其他名称:顺氯氨铂

适应证:犬骨肉瘤和各种肉瘤

给药途径:静脉(IV);偶尔病变内注射(瘤内注射)或体腔注射

给药方法:20 分钟输液。在给药前后使用高速率的静脉输液利尿

毒性:白细胞减少:+;胃肠道毒性:++

特殊注意事项:

- 如果没有在给药前后使用高速率的静脉输液利尿,可能会造成严重的肾损伤。每次使用前检查肾功能
- 在注射后立即出现呕吐或严重的恶心十分常见。在给予顺铂前,给予止吐药预防这些副作用

环磷酰胺

其他名称：癌得星

适应证：与其他药物（多柔比星、长春新碱、天冬酰胺酶）一起治疗犬和猫的淋巴瘤。有时与多柔比星一起治疗肉瘤。在犬猫还可作为免疫抑制剂

给药途径：静脉（IV）；口服（PO）

给药方法：3～5 分钟缓慢静脉推注（IV）

毒性：白细胞减少：＋；胃肠道毒性：＋

特殊注意事项：

- 偶见无菌性出血性膀胱炎（膀胱的刺激导致类似于尿路感染的症状）。通常一同给予利尿剂呋塞米（速尿），稀释和加速刺激膀胱的代谢物排出

阿糖胞苷

其他名称：胞嘧啶阿拉伯糖苷、赛德萨

适应证：犬和猫的淋巴瘤；偶用于犬肉芽肿性脑膜脑炎

给药途径：静脉（IV）和皮下（SQ）

给药方法：30 分钟至 24 小时静脉输注（IV）

毒性：白细胞减少：＋；胃肠道毒性：＋

特殊注意事项：

- 不良的皮下注射会增加药物遗撒、注射外漏、针头扎伤等风险

多柔比星

其他名称：阿霉素

适应证：犬和猫的淋巴瘤、白血病、癌和骨肉瘤、血管肉瘤等肉瘤

给药途径：只能静脉注射！

给药方法：10～20 分钟静脉注射或缓慢静脉推注。在注射前通常使用盐水稀释

毒性：白细胞减少：＋＋；胃肠道毒性：＋＋

特殊注意事项：

- 即使少量的血管外渗也可造成严重的组织损伤
- 在注射期间有可能会出现过敏。观察动物是否在注射期间出现黏膜/皮肤发红、摇头、面部肿胀或荨麻疹
- 在犬，注射超过 6 次剂量可能会造成心脏损伤
- 在猫，多次使用可能会造成肾脏损伤。猫每次使用前检查肾功能

洛莫司汀

其他名称：环己亚硝脲、罗氮芥

适应证：犬和猫的淋巴瘤、肥大细胞瘤、组织肉瘤，偶用于脑肿瘤

给药途径：只能口服

毒性：白细胞减少：＋/＋＋；胃肠道毒性：0/＋

特殊注意事项：

- 长时间使用可能会出现血小板减少
- 长时间使用可引起肝酶升高。每次使用前监测肝指标

美法仑

其他名称:爱克兰

适应证:犬和猫的多发性骨髓瘤。偶用于淋巴瘤

给药途径:兽用时只能口服

毒性:白细胞减少:+;胃肠道毒性:0/+

特殊注意事项:

- 长时间使用可能会出现血小板减少

米托蒽醌

其他名称:二羟蒽二酮

适应证:犬和猫的淋巴瘤、膀胱肿瘤和肛门腺瘤

给药途径:静脉注射;偶尔体腔内注射

给药方法:10～20 分钟静脉注射或缓慢静脉推注。在注射前通常使用盐水稀释

毒性:白细胞减少:+/++;胃肠道毒性:0/+

特殊注意事项:

- 血管外渗时造成轻度组织损伤

长春花碱

其他名称:长春碱

适应证:犬和猫的肥大细胞瘤;偶用于淋巴瘤

给药途径:只能静脉注射

给药方法:1～2 分钟静脉推注

毒性:白细胞减少:+/++;胃肠道毒性:0/+

特殊注意事项：

- 血管外渗时会造成中度的组织损伤

长春新碱

其他名称：安可平

适应证：犬和猫的淋巴瘤、传染性性病瘤。有时与环磷酰胺和多柔比星联用治疗犬肉瘤，还可以用治疗犬免疫介导性血小板减少

给药途径：只能静脉注射

给药方法：20 秒至 1 分钟静脉推注

毒性：白细胞减少：+；胃肠道毒性：0/+

特殊注意事项：

- 血管外渗时会造成中度的组织损伤

附加阅读

Chun R, Garrett LD, Vail DM. 2007. Cancer chemotherapy. In: Withrow SJ, Vail DM (eds.), Small Animal Clinical Oncology (4th Ed.). St. Louis, MO: Saunders Elsevier, pp. 163-92.

Moore AS, Frimberger AE. 2009. Anticancer drugs and protocols: Traditional drugs. In: Bonagura JA, Twedt DC (eds.), Kirk's Current Veterinary Therapy XIV. St. Louis, MO: Saunders Elsevier, pp. 305-10.

Plumb DC. 2008. Plumb's Veterinary Drug Handbook. Hoboken, NJ: Wiley-Blackwell.

8 化疗副作用的管理

Douglas H. Thamm

要　　点

- 客户宣传手册对于解释副作用，指导如何在家处理副作用和告知什么时候需要就诊十分有效
- 识别和治疗急性副作用：
  - 超敏反应（过敏反应）
  - 外渗引起的组织损伤（药物注射到静脉外）
- 识别和治疗迟发性副作用：
  - 打电话向主人询问有关于副作用的问题
  - 恶心/呕吐/腹泻
  - 嗜中性粒细胞减少（白细胞减少）
  - 急性肿瘤溶解综合征

引　　言

研究表明客户对于癌症治疗的评价是积极的；大多数主人认为治疗是值得的，它可以给动物带来幸福，治疗期间动物生活质量很好。

虽然不常见，但一些副作用会给宠物和它们的主人造成严重的后果。这包括：

- 生活质量降低
- 增加花费(住院和治疗)
- 推迟或改变将来的治疗
- 降低对继续治疗的愿望

让客户在开始治疗前了解治疗目标和副作用风险是兽医团队的任务。使用客户教育宣传手册解释潜在的副作用、指导怎样在家处理这些副作用和告知什么时候需要就诊。在本章末尾有宣传手册的样本(附录 8.1)。

即使在不进行化疗的诊所,也有可能要处理在其他诊所进行化疗后出现的一般和紧急/严重的化疗副作用。因此,对于大多数常规诊所,需要了解化疗副作用的一般诊断和治疗。

客户教育

鉴于朋友或家庭成员的经历,主人可能会害怕对他们的宠物进行化疗。告知他们动物的化疗与人类化疗有很大区别十分重要(更多信息见第 1 章)。大多数兽医化疗方案是基于低毒副作用的原则设计的。总的来说,少于 1/3 的动物会出现不良反应,且仅有大约 1/20 的动物会因出现显著副作用而需要治疗。如需住院治疗严重副作用,大多数宠物会在 72 小时内出院。

在有效的治疗下,化疗造成的死亡小于 1/200。如果出现严重的副作用,可以通过减少剂量,使用替代药物或使用其他药物降低再次发生副作用的概率。这些方法的有效率为 90%。

为什么会出现化疗副作用

大多数抗癌药物通过损伤快速分裂细胞发挥作用。最常见的副作用是由对正常快速分裂细胞的“附带损伤”造成的,主要为嗜中性粒细胞减少(白细胞数降低)和消化道不适。化疗药物会攻击快速分裂的肿瘤细胞和具有自我修复能力的细胞。但是生成新白细胞的骨髓干细胞和生成肠黏膜上皮的肠道隐窝细胞因为快速分裂,所以对化疗药物更敏感。其他可能发生及需要治疗的副作用为过敏反应和药物意外外渗(药物注射到血管外)。

超敏反应(过敏反应)

几种抗癌药物可以引起患者发生速发型变态反应或过敏反应。天冬酰胺酶和多柔比星是最常见引起这些反应的药物。在犬主要出现休克的器官为肠道和皮肤,在注射过程中和注射完成时最严重。猫最常见的休克器官是肺。

天冬酰胺酶可在注射后的 60 分钟内引起严重的过敏反应。可能在治疗后的 24 小时内出现中度的反应。因此动物给药后需要在医院观察 60 分钟,观察动物是否出现过敏症状。出现过敏的概率随着天冬酰胺酶的使用次数增加而增加。如果出现天冬酰胺酶过敏,最常见的症状是面部肿胀或出现荨麻疹。偶见严重的急性晕厥。

多柔比星引起的超敏反应有瘙痒、面部肿胀、荨麻疹、皮肤和黏膜发红、摇头、呕吐、坐立不安或呼吸困难。这些症状通常发生于给药期间。因此,有必要在给药前观察皮肤(耳道皮肤是很好的观察点)和黏膜颜色,并在多柔比星注射期间多次观察是否有变红的情况。

如果出现轻度或中度的过敏反应,停止给药并给予苯海拉明和地塞米松磷酸钠(地塞米松)。对于十分严重或危及生命的过敏反应,可能需要给予肾上腺素。给药剂量和方法见表 8.1。当反应得到改善,可以重新开始以缓慢的速度给药。对于之前有过敏反应的动物,可以在进行化疗前的 15～20 分钟,使用苯海拉明和地塞米松进行预防。

表 8.1 抗过敏药物，剂量和给药方法

药物	剂量(mg/kg)	给药方法
苯海拉明	3～4	肌肉注射
地塞米松	0.5～1	静脉注射
肾上腺素	0.001～0.01	静脉注射

外　　渗

几种抗癌药物(多柔比星、长春新碱、长春花碱、放线菌素 D)在意外泄漏出血管(外渗)时可造成组织损伤。在静脉注射这些药物时必须完美地(一次成功)安置静脉导管(更多信息见第 5 章)。输注这些药物时，必须持续观察以保证患病动物的静脉导管功能和位置完好，直至药物输注完毕。

大多数导管渗漏可以很快被发现。发生外渗时，导管旁立即出现膨胀或水泡，一些动物会立即出现不适，并出现扭动、喊叫或挣扎。如果已经发现刺激性药物外渗，应停止给药。尽可能地将药物吸回导管，并用 25 号针头刺入周围组织进行抽吸，随后将导管移除。接下来的 48～72 小时用冰袋冷敷 15～20 分钟，每天 4 次。使用伊丽莎白圈防止动物舔咬。此外，接下来两周每 8 小时局部使用一次 99%的二甲基亚砜(DMSO)可能会阻止一部分刺激。

虽然大多数导管渗漏都可以立即发现，但是有皮肤溃疡可能数天至数周都不会出现。研究发现多柔比星可以在组织中持续存在 1 个月。如果不限制，动物会舔导管埋入的位置。动物可能出现疼痛、肿胀、发炎、脱皮、跛行，并在数月内持续恶化。

多柔比星是常用的抗癌药物，但也是强烈的组织刺激剂(图 8.1)。目前没有有效的方法可以阻止多柔比星外渗引起的组织损伤。损伤需要手术治疗，移除受到影响的组织，甚至需要截肢。用于清除自由基预防多柔比星引起的心脏损伤的药物的右丙亚胺(Dexrazoxane，Zinecard®；辉瑞)，可能有助于减少多柔比星引起的组织损伤。在外渗后3小时内，24小时和48小时，静脉注射多柔比星10倍剂量的右丙亚胺，可显著地减少局部组织损伤。绝大部分兽医诊所不会储存这种药物。如果你的诊所使用多柔比星，最好知道如何购买右丙亚胺(当地的人类医院或肿瘤中心)，这样可以在需要时尽快购得。

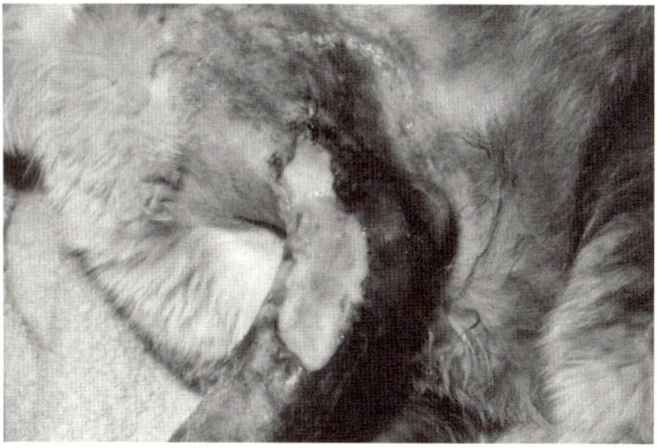

图 8.1　多柔比星意外外渗引起的严重皮肤损伤。对于这些损伤可能需要数月的护理，植皮手术，有时甚至需要截肢。

目前仍在探索更有效的治疗多柔比星外渗的治疗方法。因为看起来像蛇咬伤，一种简单的用于治疗蛇咬伤的装置被用于治疗人类的外渗损伤。在一项基于人类患者的研究中，1985—2002年共出现了3例外渗病例(每6～7年出现一例)。发现外渗后立即停止化疗并移除导管。对外渗区域进行标记并进行外科消毒，随后进行"×"形切开，厚度1厘米，这是完整皮肤的厚度。通过切口直接放入带有注射器的杯状蛇毒清除吸引器。当吸引器充满浆状液体时，将液体倒掉，一直抽吸直至抽出的液体变为清亮。随后用无菌纱布包扎，定期检查。通过这种方法治疗，3个病例均在1周内快速完全康复。有报道，一种名为“改良维拉波斯蛇咬伤缝合技术”的方法同样可以高效地治疗患有癌症动物的药物外渗。

胃肠道反应

虽然大部分的宠物在接受化疗后会出现1～2天的轻度食欲减退，但是这些有轻度食欲减退宠物在接受化疗后会出现更多的胃肠道不适症状，如长时间的食欲减退、恶心/呕吐或腹泻。大多数是轻微自限的，但有时也会见到症状是严重的。

现病史

通常胃肠道反应是迟发的，出现在化疗后的2～5天。临床症状可从轻度的食欲减退和轻微的软便至严重的呕吐或大量水样腹泻或血便。

病史

仔细调查医疗史和用药史有助于判断出现的症状是否与化疗有关及判断这些症状的严重性。这些信息通常通过电话沟通获得，并有助于判断患病动物是否需要就医还是在家中治疗（表8.2）。询问以下问题：

- 宠物患有什么癌症？
  - 这些症状是由癌症造成的而不是化疗引起的？
- 最近在给予什么化疗药物，多长时间前给予的？
  - 接受化疗两周后很少出现胃肠道症状，但是如果最近2～5天接受过化疗，胃肠道症状可能是化疗造成的

- 患病动物呕吐了多少次？
  - 单次呕吐，呕吐物为清亮的液体或食物，动物可能没有大问题。如果动物 24 小时内呕吐超过 3 次，每次进食或饮水时呕吐（无法摄入任何东西），或不饮食时也呕吐（恶心、干呕）需要及时就医
- 他/她是否还有饮食欲？
  - 不进食 1～2 天通常不会有大问题，但是如果任何一段时间不进水都有可能出现大问题，因为会很快出现脱水。动物如果不喝水需要就医评估，且有可能需要液体治疗
- 腹泻有多严重（如果有）？
  - 轻度的软便问题不大。犬出现严重的水样腹泻或血便需要就医
- 它状态怎样？
  - 动物精神状态好，仅有轻度症状的可以在家治疗。虚弱、嗜睡或精神沉郁的动物需要就医

表 8.2 什么情况下出现胃肠道症状的动物需要就医？

24 小时内呕吐超过 3 次
每次进食或饮水时出现呕吐（不能吃下任何东西）
恶心或干呕
超过 2 天不愿进食，超过 18 小时不愿意饮水
严重的水样腹泻或血便
严重的虚弱、嗜睡或沉郁

治疗

许多症状轻的动物通过保守方法治疗，如短暂禁食禁水后给

予一小段时间清淡的高纤维食物。如果动物精神状态良好且很少呕吐,可开具口服止吐药如胃复安(Reglan®),马来酸丙氯拉嗪(Compazine®)或马罗匹坦(Cerenia®)在家使用。口服止泻药可开具如洛派丁胺(Imodium®)、甲硝唑(Flagyl®)和/或泰勒菌素(Tylan®)。

出现虚弱、嗜睡、脱水或其他严重症状的,需要住院处理液体、酸碱和电解质失衡。动物需要禁食禁水直至呕吐问题被解决,可使用注射的止吐药。在12～24小时不呕吐后,通过给予清淡的食物和口服止吐药逐渐恢复动物胃肠道功能。

如果需要住院治疗,大多数动物需要24～72小时的支持治疗。在这段时间,肠道上皮细胞有足够的时间恢复,动物的临床症状会明显改善。动物持续呕吐超过72小时需要检查其他病因,如胰腺炎、异物或肿瘤转移到消化道。

嗜中性粒细胞减少和败血症

嗜中性粒细胞减少症(白细胞中的嗜中性粒细胞数量减少)是宠物和人类化疗中常见的副作用。因嗜中性粒细胞减少引起的感染差异巨大,可从无关紧要感染至致死性感染。

现病史

许多有轻度至中度嗜中性粒细胞减少的动物不会表现出临床症状。大多数宠物在嗜中性粒细胞数大于1 000/μL时,感染风险很低。需要牢记感染风险和治疗决定是基于嗜中性粒细胞的绝对数值,而不是白细胞总数或嗜中性粒细胞相对数值。

患有败血症的动物没有典型的临床症状,症状主要为嗜睡、虚弱和食欲差。他们通常发热,但是体温正常或体温低不能用于排除严重或致命性感染。

病史

准确的用药史至关重要，最近一次的化疗时间有助于判断是否出现嗜中性粒细胞减少。大多数化疗药在给药后 7～10 天会出现嗜中性粒细胞减少。

诊断

如上文所说，通常但并不是所有的败血症患病动物会出现发热，其他的体格检查异常有心率增加、黏膜充血、黏膜再充盈时间延长或脉搏虚弱。为了鉴别诊断至少要进行血细胞计数和血小板计数及血清生化和尿检。这些结果可以帮助兽医决定是否还需要其他检查和制定治疗方案。

治疗

嗜中性粒细胞少于 1 000/μL 但精神良好的动物可以在院外治疗。对于这些病例，院内感染的风险可能大于其住院治疗所得到的益处。治疗可以口服 5～7 天的广谱抗生素，如甲氧苄啶磺胺或恩诺沙星。指导主人在家每天测量患病动物体温 1～2 次。如果动物出现临床症状或者体温超过 103.5℉(39.7℃)，则需要住院治疗。没有临床症状的中度嗜中性粒细胞减少(>1 000/μL)的动物通常不需要治疗。

发热和出现全身症状的患病动物需要 24 小时住院观察和护理。对于这些病例，第一步是进行输液治疗。通常发热的症状在输液几小时后会显著改善。

其次是抗菌治疗。大多数导致癌症动物出现败血症的细菌对于常规抗生素敏感。静脉注射药物要覆盖革兰氏阴性和革兰氏阳性细菌。很少使用退热药物，因为这样会影响判断治疗是否起效。

对于大多数患病动物治疗起效迅速，且嗜中性粒细胞也会快速上升。大多数动物会在12～24小时退热，当他们不再发热且嗜中性粒细胞数量上升时，就可以出院在家进行口服抗生素治疗。

急性肿瘤溶解综合征

急性肿瘤溶解综合征是一些特定肿瘤的危及生命的代谢性急症。急性肿瘤溶解综合征时，肿瘤细胞破裂将细胞内物质释放入血液。这会造成危险的血清电解质改变。电解质快速变化可导致猝死。

发生副肿瘤溶解综合征与许多因素相关。具有大量快速分裂细胞的肿瘤容易发生副肿瘤溶解综合征。此外，对于治疗反应良好的肿瘤也易发生副肿瘤综合征，因为成功的治疗会导致大量的细胞同时死亡。通常综合征与血液相关肿瘤有关，如淋巴瘤和急性白血病。通常急性肿瘤溶解综合征发生于联合使用化疗药后，但也可以发生在放疗或泼尼松治疗后。有基础肾病的动物发生副肿瘤溶解综合征的风险更高。例如，进行化疗的动物出现恶心、呕吐且可能脱水。因为没有理想的水合状态，废物积累无法快速地通过尿液排出。导致血清电解质显著失常。

治疗目的是预防和支持治疗。治疗主要目标防止肾衰和严重的电解质失衡。高风险患病动物需要在化疗或放疗后住院进行密切观察。开始癌症治疗前，要仔细评估动物的水合状态和离子水平。如果存在异常，虽然这并不是常规决定，但要考虑推迟癌症治疗。急性肿瘤溶解综合征的副作用是致命性的，但是有时肿瘤对于患病动物的危害大于急性肿瘤溶解综合征的风险。如果癌症动物不治疗很有可能会死亡，治疗虽然会伴有急性肿瘤溶解综合征的风险，但结果可能是积极的。

附录 8.1 化疗宣传手册样本

所有兽医常用的化疗方案造成不良副作用的风险相对较低。化疗后，除了轻微的疲倦或 1～2 天的食欲下降，70％的动物会有轻微的副作用。但是，约有 25％的患病动物会有某些中度的副作用，5％的患病动物会有严重的副作用需要住院治疗。我们不能预测哪些动物会出现严重的副作用。

大多数化疗药物作用于快速分裂的细胞。癌症细胞是快速分裂的细胞，所以它们被优先杀伤，但是其他快速分裂的细胞也会受损。肠道内皮细胞、骨髓细胞和毛囊细胞是快速分裂的细胞，我们常见的副作用是这些细胞受损导致的。

消化道

胃肠道不适是某些药物的副作用之一，常见的表现有不愿意饮食、恶心/呕吐或腹泻。对于大多数病例，这些症状都可以在短时间内自愈。这些不良反应常见于化疗后的 2～5 天。如果食欲减退不超过 48 小时，通常不需要担心，但是维持动物持续饮水十分重要。持续超过 24 小时不饮水，完全没有食欲是有问题的，需要及时联系兽医。

一些动物会因恶心而出现呕吐。如果呕吐不超过 3 次通常问题不大。如果你的动物呕吐，禁食、禁水 12 小时，让肠道可以得到休息。随后首先给予少量饮水。如果在饮水后的几小时内不出现呕吐，给予少量清淡的食物，如煮鸡肉或瘦牛肉伴米、面或土豆。我们有时会开具口服止吐药物来缓解轻度恶心、食欲不振或呕吐。反复呕吐、每次进食后呕吐(不能吃喝下任何东西)或反复干呕需要联系兽医。出现这些症状的动物需要评估水合状态，且需要住院做静脉输液治疗和止吐治疗。

腹泻也是一些化疗药物的副作用。可能是轻度的软便或排便次数增多至大量的水样腹泻并可能伴有出血。轻度腹泻但动物精神良好且能进食,可通过上文描述的清淡饮食控制。一些口服药物也可以帮助缓解腹泻。出现严重的水样腹泻、便血,或腹泻伴有嗜睡、虚弱、沉郁,或不愿饮水需要及时联系兽医。

白细胞

如果骨髓中快速分裂的细胞受到化疗的影响,就会出现白细胞数量减少。该副作用通常见于化疗后的7～10天。在每次化疗前我们会检查白细胞计数,以确保白细胞数量符合下次治疗的标准。偶尔会因为白细胞数量过低,我们会推迟化疗几天。这种短暂的推迟不会影响整体化疗方案的疗效。

白细胞数量低至需要关注感染问题的情况并不多见。但是如果你的动物白细胞过低,饮食正常,没有发热且精神状态尚可,我们通常会开具在家给予的口服广谱抗生素。我们会建议您在家每天测量1～2次体温,以确保动物没有出现发热。为动物测量体温并不复杂,可使用人用的常规玻璃体温计或数字体温计。如果使用玻璃体温计,确保首先将体温计甩至足够低的温度。涂抹少量凡士林或润滑剂后,将1/2英寸长度的体温计入直肠。玻璃体温计需要在适当的位置停留2分钟。大多数电子体温计在测得温度时会发出声音。正常犬或猫的体温为100～102℉(37.7～38.8℃)。如果动物体温超过103℉(39.4℃)或出现虚弱、嗜睡、沉郁或不愿意进食,请联系兽医。动物可能需要住院治疗。

如果你的动物出现白细胞降低且伴有发热或沉郁嗜睡或不愿意进食,建议住院进行静脉输液、抗生素治疗和密切监护。大多数动物在治疗后会快速恢复,很少需要住院超过72小时。当体温恢复正常且白细胞数高于警戒线时,动物就可以出院。

如果在化疗后出现严重副作用,我们通常会尝试改变治疗方案，如减少后续治疗的药物剂量、增加一些药物预防副作用或使用其他的替代药物，以减少再次出现严重副作用的概率。我们的目标是不再出现严重的副作用。

附加阅读

Bronden LB, Rutteman GR, Flagstad A, Teske E. 2003. Study of dog and cat owners' perceptions of medical treatment for cancer. *Vet Rec* 152:77-80.

Laing EC, Carter RF. 1988. Acute tumor lysis syndrome following treatment of canine lymphoma. *J Am Anim Hosp Assoc* 24:691-6.

Mahoney JA, Bergman PJ, Camps-Palau MA, Hull TL. 2007. Treatment of doxorubicin extravasation with intravenous dexrazoxane in a cat. *J Vet Intern Med* 21:872-3.

Mellanby RJ, Herrtage ME, Dobson JM. 2003. Owners' assessments of their dog's quality of life during palliative chemotherapy for lymphoma. *J Small Anim Pract* 44:100-3.

Thamm DH, Vail DM. 2007. Aftershocks of cancer chemotherapy: Managing adverse effects. *J Am Anim Hosp Assoc* 43:1-7.

Vickery KR, Thamm DH. 2007. Successful treatment of acute tumor lysis syndrome in a dog with multicentric lymphoma. *J Vet Intern Med* 21:1401-4.

Villalobos A. 2006. Dealing with chemotherapy extravasations: A new technique. *J Am Anim Hosp Assoc* 42:321-5.

9 富有同情心的客户交流

Erin Allen and Gail Bishop

要　　点

为悲伤的宠物主人提供支持

- 宠物主人在失去宠物前、中、后是悲伤的
- 悲伤是基于身体、思想、社会和灵魂层面

孩子们也会悲伤

- 因注意力持续短和不同智力水平对死亡和离去的理解，孩子们表达悲伤的方式与成人不同
- 宠物死亡通常是孩子第一次面对离去

提供支持时的沟通技巧

- 在动物生病或死亡时，宠物主人依赖兽医医疗团队的支持
- 使用简单的沟通技巧可以大大增强动物主人与工作人员的人际关系：非语言交际、同感、反述和自我表露是良好沟通的关键

生活质量的讨论

- 使用客观的方法帮助宠物主人评判他们宠物的生活质量
- 疼痛与苦难

生命终止的决定

- 使用指南帮助宠物主人进行生命终止的决定
- 安乐死与自然死亡
- 帮助宠物主人制订计划

自我护理和团队护理

- 如何鉴定以及避免同情疲劳
- 自我关心的六原则
- 汇报情况，减少发生同情疲劳的概率

引　言

超过四分之三的宠物主人表示他们面对悲伤的能力与兽医团队给予他的支持有密切的关系。当前宠物是许多人生命的一部分，他们多被认为是家庭的一员。这使得客户更需要富有同情心的兽医护理及受到兽医团队的尊敬。宠物的最终诊断对大部分的客户造成影响，在他们动物远没达到死亡的状态时客户就会感到极大的悲痛。

本章的重点是介绍一些客户的经历、提供一些有效的支持沟通技巧及这些工作如何影响你和强调自我关心的重要性。每个客户、患病动物及病情都是不一样的，本章提供的是与处于困难时期的客户建立及维持富有同情心的关系的常规方法。

Sandra Brown 女士带着她 8 岁的巴吉度犬 Barkley 来到了医院。Barkley 上周被诊断出了淋巴瘤，今天他是来做化疗的。作为一个健谈的人，Sandra 在检查了她的预约后并没有与其做更多的交流。

悲伤的客户

作为兽医技术人员会有大量的时间与客户相处。在癌症治疗过程中，将面对客户的丰富情感。这些情感可能与即将失去宠物和客户的悲痛相关。悲伤不仅出现在动物去世后。有些人在意识到死亡即将到来时就已经开始悲痛地预想，这导致日常生活的改变。在这个预想的阶段，人们开始展现出各种感受，这些表现多与悲痛有关（图 9.1）。

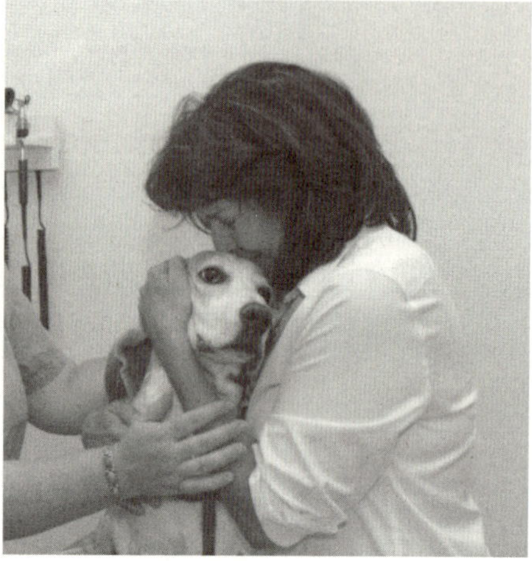

图 9.1　悲痛的预想，通常出现在动物被确诊时，也会出现在宠物变老时。

接受癌症诊断与观看焰火表演类似：麻木、震耳欲聋、压倒性。在这期间最常见的情感是焦虑，焦虑会被死亡即将到来而强化。这种强烈的情感对于主人是压倒性的，尤其是对于那些没有处理过类似问题经验的人。每个人悲痛的过程都不一样，这些情感多与悲痛一同结束和消失，随着他们再次意识到即将面对的离去而出现。这是痛苦与复杂感情的循环，很难处理。这个过程的强度取决于他或她与其宠物的关系密切程度。许多宠物被主人视为情感和社会需求的寄托，它们与主人感情深厚。与宠物感情好的客户通常更多地表现出悲痛的情感。几种原因导致了这种强烈的情感，如客户认为他们的宠物将会经历一段痛苦的生活、宠物是他们最重要的社会需求寄托或将动物拟人化。一些人会将宠物视为离开他们的人(如去世或搬走的孩子、父母和朋友)的象征。在这种情况下,失去宠物将让他们联想到之前的离开。了解这些将会帮助你理解客户正在经历的情感。

Sandra 紧抱住 Barkley 并开始抽泣。她问:“确定是癌症,有可能只是感染吗?“你向她提供一些纸巾,过一会儿她再次询问:“为什么会得癌症?他还太年轻了。这是我造成的吗?”你向她提供一些纸巾,随后她又说:“为什么会这样?他太年轻了。这是我造成的吗?我现在能做些什么?”

你轻柔地回答:“很不幸他的诊断是淋巴瘤而不是感染。我也想知道是什么导致犬患上肿瘤。我可以保证犬的肿瘤不是您造成的。现在感到不知所措和震惊是人之常情。”

客户表达悲痛的方式多种多样。牢记这些常发生在宠物远没有达到死亡的程度。这些情绪表露是基于身体、思想、情绪、社会及灵魂层面。在失去动物前、中、后,主人可能出现以下表现(并不仅限于以下表现):

身体:哭泣、哭诉、哀号、震惊和麻木、口干舌燥、哽咽欲泣、呼吸急促 、腹痛或恶心、胸部重压感、坐立不安、疲倦、精疲力竭、睡眠紊乱、食欲改变、身体疼痛、关节或肌肉僵硬和头晕或晕厥。

思想:否定、困惑,无法集中注意力,专注于即将到来的死亡,需要追忆亲人和讨论动物死亡的情况,希望合理化或推理为什么会死亡和有自杀的想法或幻想(并没有具体实施的计划和行为)。

情绪:悲伤、愤怒、自责、沮丧、焦虑、安慰、孤独、易怒,把死亡归咎于别人,愤恨、尴尬、自我怀疑,感觉不知所措或失控、感到无望和无助,表现出与当前情况不相符的情绪(紧张的微笑和大笑)。

社会:感到结束、孤立,更依赖别人,拒绝他人,不愿向别人求助,更换帮助他的人,希望搬家或旅行,为了避免悲伤需要转移注意力到其他事情(持续忙碌或过量地运动)。

灵魂:祈祷上帝阻止死亡,迁怒于上帝,新的或动摇信仰,感到幸福或受到惩罚，寻找对于所爱死亡的有意义的解释，幻想或梦到所爱的动物，想知道所爱的人死后会发生什么变化和结束关系的仪式（葬礼、追悼会上、临终祈祷或告别仪式）。

度过悲伤

悲伤千差万别，每个人度过悲伤所需的时间不同。有些人很难接受亲人即将死亡。那些不知道如何面对即将到来的死亡的客户很难控制自己的情绪。他们可能会尝试推理或合理化自己的表现，或用有问题的幽默转移他人的帮助和关心。另一些人会靠近动物，试图掌管动物的医疗护理。需要注意这些迫不得已的情绪是悲伤引起的。

了解你客户可能经历的，他们的行为和情绪是悲痛造成的，这可以帮你减轻他们的反应。这是将“困难客户”变成“悲痛客户”的关键（图 9.2）。

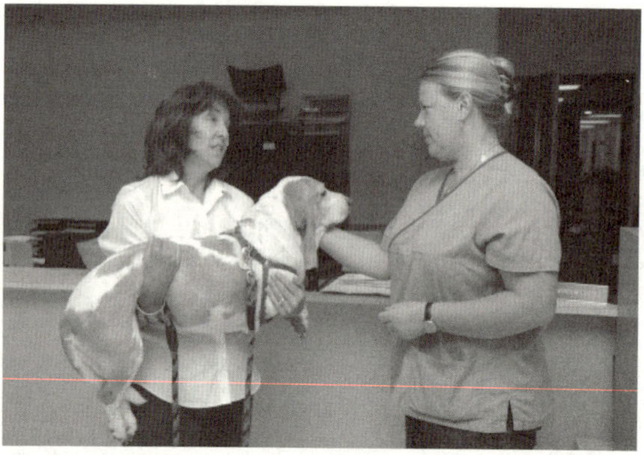

图 9.2　在接受确诊癌症的消息时，人们表现悲痛的方式多种多样，这包括愤怒、失望和责备。这可能使客户变为“困难客户”，但事实上他们只是悲伤。

Sandra 带着 Barkley 冲进门，比预约的时间晚了一个小时。“没人告诉我需要早到。我以为你们会电话提醒我预约的时间和需要早点过来。”

你轻柔地回答：“是的，我知道 Barkley 的治疗计划很复杂。早点带他过来可以帮助我们早些完成治疗，让他早点回家。让我们尽快地开始诊疗吧。我能为您做些什么？”

虽然主流的悲伤理论对于悲伤的过程描述上存在微小差异，但他们都认为悲伤分为早期的震惊或拒绝、中期的情感痛苦和后期的接受与恢复。1969 年，Kubler-Ross 首次将悲伤过程分为 5 个阶段，并对其进行了研究：否认、愤怒、讨价还价、抑郁和接受。根据 Kubler-Ross 的理论，悲伤不是连续的，而是动态的，处于悲伤的人会在不同阶段间转换。理论界一致认为，即使由渐进性疾病导致的可预期性死亡，死亡时也是令人震惊的。当面对你的客户，William Worden 描述处理悲伤过程的哀悼 4 个任务，可以帮你理解客户正在经历的过程：

- 第一个任务是接受损失的现实。接受需要时间，它不只是认知上的接受，也是情感上的接受。在动物死后，如在吃饭时呼唤宠物的名字的习惯常常出现，这种需要使用新的习惯替代旧的习惯。

- 第二个任务是解决悲伤引起的情感痛苦。许多客户认为他们的悲伤痛苦是错误或很“疯狂”，尤其是他们的痛苦是因为动物离去而不是人离去。通常社会不认同对于像失去人类一样，对动物的离去而悲痛，对于一些人这使得悲痛的过程更困难或更尴尬。

- Worden 的第三个任务是适应死者不在的环境。人们需要慢慢地接受宠物不在所引起的所有变化。因为动物在每个客户生活中的角色不同，所以每个人做的调整不一样。根据动物情况和客户对于宠物健康护理及福利情况，客户可能调整他/她的自我意识和目的。

- 哀悼的最后任务是对死者的情感上的重新定位。这可能是悲伤过程中最困难的一部分。这涉及建立基于对死者的想法和记忆与物质的新关系，让人在失去宠物后继续生活。

在某些特定时间，失去的痛苦会重新出现，如生日或周年纪念日。虽然悲伤没有特定的恢复时间，当在美好的回忆中想到死去的宠物，且回忆很少影响他的生活，并对未来充满希望，那么他正朝着愈合的方向发展。

孩子和悲伤

家庭宠物死亡通常是孩子第一次面对离去。虽然孩子的年龄和发育水平会影响他们的悲伤反应，但是他们也会悲伤。因为专注的时间短和不同智力对死亡和离去的理解，孩子与大人表达悲伤的方式不同。每个孩子都是不同的，且可能处于发展水平的重叠阶段，所以下面的概述只能作为指南。在帮助有孩子的家庭时，请参见对于孩子对宠物疾病和离去的准备的章节。

1～2 岁的孩子

他们通过感觉认知世界。在这个年龄，他们不理解死亡。但是，他们对看护者的情绪和行为有反应。他们会通过易怒、改变睡觉和进食的习惯及变得安静来表达悲伤。对于看护者，通过持续的互动和护理提供支持。

2～6 岁的孩子

在这些年龄的孩子，死亡就像睡觉一样。死亡是暂时的，不是最终的结果，也许是可逆的。死亡的宠物可以再回到他们的生活中。孩子可能会重复地询问许多问题，如“他什么时候回来？”“他去哪了?”,或“他在地里吃什么?”。他们可能会相信自己神奇的思维会变成现实。在这个阶段,孩子们可以注意非常具体的细节,他们可能会对尸体感兴趣。然而孩子对照顾他们的人的情绪和行为十分敏感。孩子可能通过易怒和改变行为表达悲伤。维持正常的日常时间表很重要。孩子通常可以通过玩耍处理情绪,通过玩具展示死亡和葬礼。家长和照顾者应当使用简单、恰当的语言如实地回答孩子的问题。

“Barkley 生病了,他患有癌症。”

“我们将带 Barkley 去医院,那里医生会给他只有动物才能使用的药物,帮助他死亡。”

“当 Barkley 死后,虽然他的身体还在这里,但是他不会再活过来了。”

这也是作为榜样,指导孩子如何恰当表达情感的机会。这不仅有助于孩子确立他们自己的感受,还保证了孩子们体验和释放情绪的安全性。

6～12 岁的孩子

这个年龄段的孩子开始理解死亡是最后的结果。他们可能对死者或/和生物学方面的问题感兴趣。在这个发育阶段的早期,孩子们认为死亡只是发生在老年和他人身上的东西,很快他们就会理解死亡可以发生在任何人身上,包括发生在他们自己身上。孩子会对死亡产生恐惧,可能会在家中或学校中表现出来。随着社会认知能力的发展,孩子们可能模仿他们周围的人对死亡的反应。家长作为孩子的榜样,在与孩子相处时诚实且真实的行为十分重要。

10 多岁的孩子

这些年轻人可以抽象地考虑死亡。他们明白这是一个物质生活的结束。在这个年龄段，青少年正在寻求独立，并在寻找独立和对照顾者依赖的平衡点。他们可能会抵触需要和不希望得到的支持。重要的是帮助他们寻找方式来表达悲伤，如写作、绘画和谈话。

在各个年龄阶段，父母对于悲伤的表达过程极大地影响着他们的孩子。对于父母和其他成年人，这是一个教会孩子如何以健康、自然或不尴尬的方式表达悲伤的重要机会，帮助他们进入成年。

客户支持

利用各种资源来安慰自己，特别是那些了解情况的人，如你和你的医疗团队。研究表明，几乎所有的客户都认为，在宠物生病和死亡时，兽医团队应该提供某种情感上的支持。这并不意味着你要成为开导悲伤的专家，而是学会如何适当地回应客户的悲伤。悲伤最好的处理方式是与他人分享经过，在那里得到支持和理解。

在向客户提供支持时，富有同情心地强调你的关怀和让客户与你分享更多经历是重要的技巧。你和你的团队从客户的经历中寻找线索，为他制定适合他的帮助方案。有效的支持从有效的沟通开始。

在你寻求帮助客户时，记住几个简单的沟通技巧。掌握这些技巧，你必须有同情心和尊敬客户。在谈论治疗和决策时，使用“我们”这个词将有助于你的客户感受到你的伙伴关系。随着你的进展，这将在你与客户之间建立融洽的关系，并形成团队合作。这种友好关系还可以通过其他方式增强。专家认为，仅有7%的沟通是通过语言，所以有时没必要说话。

非语言交际

在与客户交流时，你可以使用几种非语言交际进行沟通。面部表情、声调和语调，以及触摸个人空间都可用于沟通。面部表情可想象成为一个名言“一张图片胜过一千字。”时刻注意你要通过表情传达什么样的信息。你皱起额头、微笑、皱眉、倾斜或点头都可转化成许多信息，其中可能有些是你不想表达的。目光接触主要表达支持和理解，它还表示让你的客户信任你。沉默可让客户在沉思时不被打断。沉默时不要试图寻找话题，而是在这段时间舒适地坐着，一言不发。当你说话时，应轻轻地、慢慢地，根据客户的需求和反应表达你的同感和同情。大声和快节奏地说话被认为是催促和漠不关心，这使你和客户之间产生隔阂。

触摸是一种表示关心和关注的方法(图9.3)，触摸可以安抚客户。自然地接触手臂和肩膀，把一只手放在某人的肩膀上可以表示极大的同情。如果你用触摸来安抚客户，关注客户的非语言反应。如果你感到他或她不舒服，或你不舒服，你可以改用语言提供支持或触摸他的宠物表示关怀。个人空间和身体位置同样可以向客户传递信息。如果你和你的客户坐在一起，面对面地向他或她倾斜一点，以显示你在参与谈话。一些男人可能喜欢并排坐着交谈，而女性更喜欢面对面地交谈。如果你靠着墙或者站着，与你的客户不在一个平面，你会给主人造成不舒服、漫不经心或漠不关心的感受，这还使你无法使用触摸的技巧。使你无法有效地传达同情和同感。

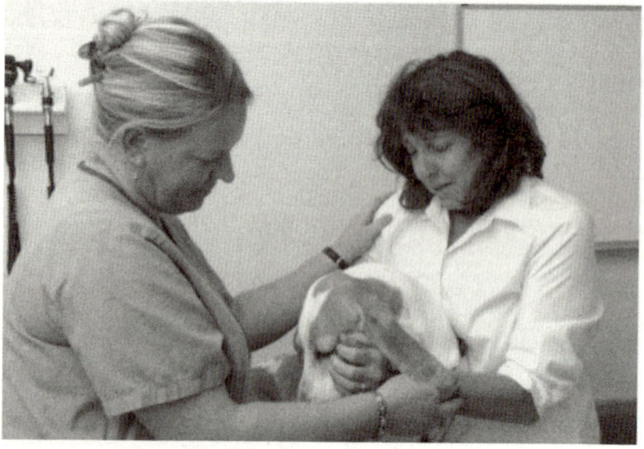

图 9.3 富有同情心的触摸是一种有效的支持动作，可向客户表示关注。

同感

同感可通过非语言交际或语言来表示。同感不是同情。同感是指忽略自己的感受，站在客户的角度，理解他们正在经历的情感和认知。

你告诉 Sandra，“我能想象到你一定觉得这对 Barkley 是一个非常不好的消息，这是多么让人心碎的诊断。我知道他是个好男孩，看到他身体变差会令人伤心。”

反述

另一个客户支持的技巧是反述。在反述时，不仅要关注谈话的内容，而且要关注客户所表达的情感。当解释或反述客户所说的内容时，他或她会相信你了解了他们所传递的信息，这会增进相互理解。有多种方法可以开始反述，其中很多可以在日常对话中使用，如“这听起来像……”“似乎是……”和“我听到的是……”。

使用你自己的语言，你可以简单地重复你从客户那里听到的信息。这可以让你的客户感到你理解他或她的感情，关心他或她现在的经历。

Sandra 告诉你，“在 Barkley 不再化疗后，我不知道还需要做些什么？”

你说，“我知道，你是担心如何控制 Barkley 的疾病和想知道自己需要做些什么。”

自我表露

自我表露是另一种可以帮助你与客户进行沟通的工具。分享你面对类似事情的经验，可以让你的客户感到不那么孤独，可以帮助他或她平复情绪。牢记，分享信息是为了客户的利益，而不是为了实现自己的治疗目的。这有助于建立融洽关系，建立信任，增强你们之间的关系。

你告诉 Sandra，“我的犬在去年得了同样的肿瘤。这对我也造成了很大的打击。”

她问：“当它走时，你做了些什么？“

你告诉她，“我哭了很长一段时间，这是正常的。我花了一段时间才习惯生活中没有它。”

在支持为他或她的宠物进行癌症治疗时，对于高度情绪化的客户，记得考虑客户的隐私。如果客户分享的信息有助于理解他或她的观点，在将其与其他医疗团队的人分享前应先征得客户的同意。

生存质量判定

当你和你的客户为治疗他或她的宠物疾病一起工作了很长时间，让你的客户从努力改善动物的生活质量转向为死亡的准备是十分困难的。

Sandra 说,“我不想让 Barkley 再受苦。我怎么知道什么时候该和他说再见?”

当主人准备结束他或她宠物的生命时,会提出这样的问题。在你的职业生涯中,会多次遇到这样的问题。在确定他们动物生活质量和决定为他们的宠物进行安乐死时,客户会向你寻求支持和援助(图 9.4),生活质量是动物所感受到的幸福的程度。它包括两个部分:疼痛和苦难。在帮助你的客户对他的宠物做安乐死的决定时,要区分这两个方面并进行客观的评估。

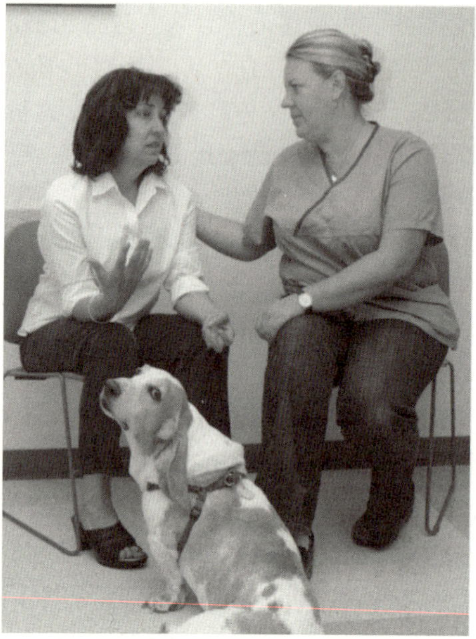

图 9.4 通过支持沟通技巧,如富有同情心的非语言交际、反述和同情,可以让困难的终止生命讨论变得更舒适。

疼痛是体格和心理上的感受，其评估很复杂。牢记动物对疼痛的反应由动物的个性和疼痛的程度共同决定。重要的是要教育你的客户，这些迹象表明他或她的宠物可能存在疼痛：

- 发抖或颤抖
- 气喘吁吁
- 起身缓慢
- 哀嚎或不出声
- 食欲减退或消失
- 行为异常
- 不能舒适地待着
- 不正常坐或躺卧
- 受影响的肢体负重减轻或不负重
- 舔疼痛的区域
- 营养水平变化

受苦不只是体格上的，更涉及享受生活的能力。当你的客户说他或她不想让他的动物再受苦难，重要的是要帮助客户定义和理解他或她的宠物在承受什么样的苦难。通过鼓励客户描述基本生活能力来开始这样的话题。

- 它饮食正常吗？
- 它能自己排泄吗？
- 它可以自己进行活动吗？
- 它对周围的活动感兴趣吗？
- 它大部分时间是孤独的吗？

当客户评估这些方面时，你可鼓励他们从宠物的角度进行更深入的了解。你可以分享一些客观的方法：

- 建议你的客户为他的动物设计一个质量评估表：
    - 追球
    - 与其他宠物玩耍

○ 挠痒痒

○ 蹭你的腿

○ 朝邻居叫

○ 享受日常散步

随着疾病的发展这些指标将会变差，让客户将变差的指标从表格中删除。决定哪些和多少指标删除会影响动物的日常生活质量。

• 建议客户日历上记录好的/坏的一天。评估动物好的一天是什么样子，坏的时候是什么样子。在晚上回顾动物一天的好坏，并用 ☺ 或 ☹ 在日历上做出标记。确定在一行中，动物经历的多少坏的一天。

• 建议你的客户记录日记或记录宠物生活中的日常事件。

○ 这有助于回顾发生的变化，及动物和客户生活上受到的影响。

上述这些指标的减少或在动物生活中的缺失，可以帮助客户判断他们宠物的生活质量。这些指标还有助于帮助主人确定动物是否在受苦。这些指标的判断依靠主人与他们宠物的特殊关系，最终的决定会随着时间的推移而变得明确。

生命终点的决定

Sandra 告诉你：“我觉得时间快到了，但是目前还没有。我害怕那一天的到来，因为我知道我那时将不知所措。”

你回答 ：“是的，那将是可怕的时刻。让我们谈谈你希望我们可以为你和你的家庭做些什么。”

当宠物即将死亡时，一些人的宗教信仰不赞成安乐死。对于其他人，安乐死是一个深思熟虑的选择，是一个人道的选择。从客户的角度讨论对动物进行安乐死十分重要。当选择自然死亡，需要讨论以下问题：

- 客户对自然死亡的预期
- 死亡过程的生理影响(特定疾病)
- 疼痛管理
- 可能的临终关怀

对于所爱的动物，客户做出安乐死的决定可能是十分困难的。在决定是否安乐死时是十分可怕的。可通过鼓励客户明白那一天什么事情是最重要的，这样可以缓解客户的恐惧。

提前规划不等同于放弃，而是为了照顾好自己和自己的宠物，提前释放自己的情绪。提前规划宠物的安乐死，还有助于在实现初期进行控制。让主人知道癌症是不可预测的有助于建议主人制订两个计划：一个是主人希望他什么时候离开，另一个是在危急情况下的计划。在紧急情况下，主人应知道以下信息：

- 动物是否需要身体上的帮助？(如一直 120 磅的犬，病理性骨折，无法站立)
- 可以去哪些医院就诊？(位置、时间)
- 可以寻求哪些人的帮助？(照顾孩子、其他宠物、带动物去医院)

在制订动物离开计划的那天，建议主人考虑以下问题：

- 主人希望在哪里进行安乐死？(家、医院、室外)
- 客户或其他人(家人、朋友、其他宠物)是否出席？
- 希望选择哪个医生进行安乐死？

对于紧急情况、计划安乐死或自然死亡，必须考虑的事情有：

- 尸体处理(火化、埋葬或其他)
- 纪念物品(爪印或剪下的毛发)

在你帮助主人回答这些问题时，你同时还可以了解主人希望动物在离去时还有什么期望。你需要确定关于医生的日程、选择安乐死的地点、尸体处理和纪念物品的更多具体细节。如果需要收费，还要告知主人相关费用。如果客户之前经历过宠物的安乐死，他不会感到不适。但是如果客户没有这样的经验，未知的安乐死是可怕的。不论客户的经历如何，告知他们宠物医院有关安乐死的协议及对他们进行安乐死期望的教育十分重要。在谈话中不要使用专业术语。相对反应、肌肉痉挛、濒死呼吸，反射、肌肉抽搐和叹息不会那么可怕。虽然安乐死探讨是医生的工作，但是客户也会和你探讨安乐死的决定。

对于宠物疾病和离去，对孩子做的准备

"我该怎么告诉我的孩子，Barkly 发生了什么？"向你询问。

父母可能会希望兽医师和其团队作为专家来帮助向他们的孩子解释癌症。他们还可能会要求兽医师能够帮助他们的孩子为心爱的家庭宠物离去做好准备（图 9.5）。注意使用简单且适用于孩子年龄的术语。了解父母已告诉孩子了什么，有助于你使用类似的语言。随着他们教育孩子如何面对悲伤（请参见孩子与悲伤章节），你可以帮助他们让孩子为宠物的疾病和离去做好准备。

作为帮助，你可以分享以下的办法：

- 尽可能诚实。鼓励家长开放和诚实地让孩子面对宠物的疾病和死亡。即使处于保护孩子的目的，在孩子发现真相时，可能会导致愤怒和对家长失去信任。幼年的孩子可能认为他们自己的想法或行动导致了死亡。类似"它跑了"或"我们给他找了一个新家"之类的谎言，可能让孩子误解是他们做错了什么，或因动物的离去责备自己

- 避免使用委婉的语言形容安乐死，如"让他睡过去"。这对孩子特别是年龄小的孩子可能造成恐惧和困扰

- 了解宠物的离去对孩子来说也是个重大损失，不应轻视或低估

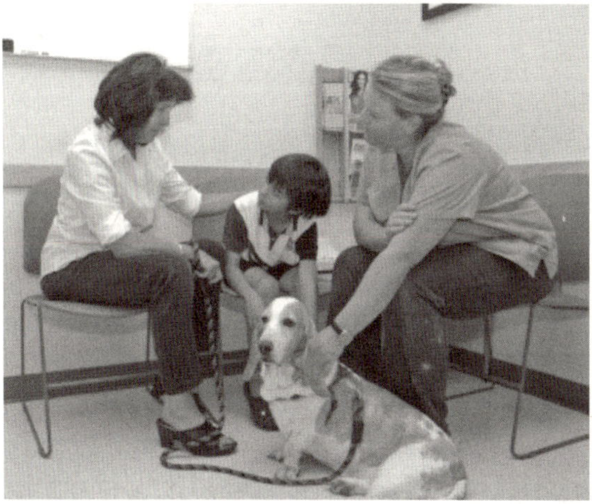

图9.5　让孩子参与死亡过程，他们的宠物可以帮助他们了解死亡和减轻对死亡的恐惧。

- 做好准备回答许多问题，问题可能是重复性的，这取决于孩子的年龄
- 尽可能多地让孩子参与宠物疾病及死亡的讨论和决定。允许孩子选择是否出席安乐死或葬礼，并为他们的愿望做好准备。这可以帮助孩子理解死亡
- 不建议更换宠物
- 向父母建议，让孩子参与宠物的告别仪式，纪念他们的宠物
- 帮助孩子寻找表达悲痛的方式，如谈话、绘画、分享记忆、写诗歌或故事或制作展示盒

当面对这些问题时，你的诊所可以向父母提供一些关于如何让孩子面对宠物离去的书籍。有许多适应于不同年龄的孩子的书籍，这些书籍可以作为讨论疾病、死亡和安乐死的起点。

随后的沟通

如电话、慰问卡、纪念卡等动物去世后的沟通是有效的客户支持方法。这体现了你对客户的持续关心和同情，并提供了处理宠物与家庭关系的机会。写慰问卡时，建议照顾动物的员工在上面签名。比起“节哀”，个性化的信息更能表达同情。以下是个例子：

尊敬的 Brown 先生/女士：

自从您心爱的男孩 Barkley 去世后，我们一直想念着您。在治疗中，Barkley 是个勇敢的男孩，他每次都跳着向诊所里的每个人问好，我会永远记着他嘴里叼着玩具的样子。你很好地照顾了他一生，尤其是他在与癌症战斗的过程中。我知道他的离开给您带来了痛苦，但我想让您知道您已经做了一切能做的事情，并做出了不再让他受苦这一心碎的决定，希望这些能让您好受些。能成为您的爱犬是 Barkley 的幸运。

诚挚问候！

有些方法即使是出于心里感受也不应用于客户支持：

- 避免如“时间会治愈伤痕”“现在要坚强”“尝试一直忙碌”或“不要哭泣”等陈词滥调。这些不健康的方式会促进悲痛
- 不要建议立即丢弃或更换死去宠物的用品。对于处理这些物品，每个人都有自己的想法
- 不要使用类似“他已经很长寿了”或“你还有其他宠物”等方法让客户振作起来。平复一个人悲伤最好的方法是恰当地面对造成悲伤的原因

你的客户可能向您寻求宠物离去后的支持或询问有关资源，所以您应当熟悉这些资源，如专业的宠物去世后支持团队、辅导员和宠物去世网站。

关怀成本

通过行动和关怀，你通过多种重要的途径帮助了客户。你认识到他们的悲伤，并与他们一起度过。你帮助他们适应失去宠物带来的改变。你在他们最困难和悲伤的时候给予他们关怀。提供这样的支持需要持续努力和巨大的力量。在这方面，兽医专业人员经历的死亡动物是人类内科医生的5倍。尽管统计数据是这样，但是你不仅要护理你的动物，同时也要关怀与你建立密切关系的客户。照顾患有绝症的病人及其他们的家人意义重大。你的情感枯竭会让你无法继续照顾你的病人、你的客户或你自己。

同情疲劳常常被误认为是倦怠。最简单区分这两种认识的方法是同情疲劳是因为你的工作造成的，倦怠是因为你在哪里工作造成的。虽然他们看起来相似，但是实质上是不同的，需要不同的方法恢复。倦怠是由组织问题、政策、程序和官僚主义导致，它通常与你工作时感到的绝望和无助有关。这种负面的情绪通常是逐渐发展的。往往在大的工作量或没有其他支持的工作环境时，你会对无差别的工作感到倦怠。倦怠被认为是造成同情疲劳的重要因素，他可以强化情感枯竭的感受。

当你无法给予更多同情时会导致同情疲劳。每次情感互动，如癌症治疗，你会站在“他人的角度”同情他们，以希望从某些方面减少他们的痛苦。如前所述，同感的关键是不要承担别人的感情。当你反复体验别人的情绪时，你自己的情感很难不受到影响。这会产生链式反应，你关怀的越多提供的支持越少。

在只处理几个病例时你可能不会感到同情疲劳，但是这会拉紧同情的“弦”。当你觉得弦越来越紧的时候要特别注意。如果不注意，你可能会疲惫不堪并自发地出现一系列问题，如

- 影响或“检查出”心理问题

- 在令人激动的情况下表现麻木
- 孤立
- 警觉过度和警觉性高
- 睡眠问题
- 易哭
- 躲避和/或执迷

其他症状有幽默感降低、对之前感兴趣的事情失去兴趣、反应过激、持续感到悲伤，通过药物、食物或酒精自我安慰。基于个人经历、信仰和价值观不同，兽医团队中每个人处理情感压力的能力也不同。

兽医医疗团队在工作中会有心情的起伏。每个人健康平衡的心理有助于减少同情疲劳，而没有团队的支持每个人可能都会出现负面情绪。

兽医医疗团队人员经常面对反复经历激烈的情感变化，无法在精神上或情绪上得到休息。有些会比客户或病人经历的还要多。如果可能，让别人在深夜照顾患病动物，与客户共享个人联系信息并保持联系，允许特定的客户可以忽视医院的规定，如随时探视或出院，这样可以帮助每个人和这个团队。技术人员通常因无法控制他们的工作而感觉到无助，这会造成挫折感。在你全身心地为患病动物奉献时，你可能会感到孤独，这也会造成同情疲劳。当你情感依附于患病动物时，你无法避免情感疲劳。研究表明，对于患者的情感转移可以带来更好的医疗，而分开导致压力和情绪耗竭。

在兽医领域，不需要多长时间你就会了解你与许多客户的附属关系。当你为肿瘤患病动物和客户工作时，当宠物死去时，你会感到悲伤和失落。你不仅失去了一直精心照顾的病例，而且也会和一直陪伴在患病动物身边的主人失去联系（图 9.6）。研究表明专业照顾人员经历的悲伤与他们服务的家庭成员类似。相对于客户,虽然你的悲伤短暂、不那么强烈,但需要与客户相同的护理。当你认识到自己的悲伤,无论是否处于工作状态,建立照顾自己的计划可以有效地减少同情疲劳的风险。

图 9.6 技术人员不仅失去了患病动物,也失去了与客户的关系。让时间处理个人悲伤,是重要的自我照顾方法。

团队护理策略

采用改善工作环境,提高团队合作和沟通的策略,以减少产生同情疲劳的概率:

- 汇报情况:通过小组会议讨论病例细节及分享情感,可以释放团队成员的压力。这些讨论可以提供分享观点、肯定个人贡献、并明确团队需求的机会。这对于持续情绪变化的病例特别重要
- 促进终止:终止病例对于你从工作状态转换到个人生活状态十分重要。终止病例是在一天结束或一个病例结束时,可以是团队一起进行或个人独自做的一些事情。签署慰问卡或汇报情况也可作为终止。通过有意义的结束,有助于你进一步地进行终止

步骤,并以自己的方式感谢客户及患病动物。让兽医团队在一些特殊的地方或杂志书写自己喜欢的病例对他们进行追忆,在汇报或员工会议上分享有关客户和病例的感人故事或计划纪念所有你服务过的动物等方法都可以促进终止。只要对你和团队有意义,结束就是有意义的。这有助于你处理事件,然后忘却他们

自我护理策略

当你开始关注自我护理时,你需要平衡生活和工作,并可以单独享受每种状态。一旦出现同情疲劳的一些症状时,不要忽视它,你需要一些恰当的自我护理来预防它。

按重要顺序进行自我护理有助于持续护理(图 9.7),有些新方法在开始时很困难。尝试不同的方法,寻找那种更适合你的生活。为了持续这些方法,可以寻求他人的帮助(家人和朋友)。

图 9.7 明确个人爱好和活动有助于维持工作与生活的平衡。

- 边界：最好的开始自我护理的方法是设定界线。这有助于你明确个人时间。边界如下：
  - 工作一整天，然后回家
  - 避免在休息日工作或检查工作的邮件
  - 不要告知客户个人电话号码
  - 在家时，不要思考工作
  - 相信你的同事可以照顾好你的病例，这样可以让你在不工作时，让头脑远离工作
- 自我重连：记起那些工作扰乱生活前的个人爱好。按摩、做头发、护理花园、读书、运动、看日落等。每个人都有他们的业余爱好
- 与他人互动：与你的家人、朋友或宠物一起参加有趣的社会活动或外出
- 照顾好自己的身体：维持健康的饮食对维持自己的免疫系统和应对压力的能力都很重要。这可以让你有更多的能力做自己喜欢的事情。运动可以提高内啡肽（一种你脑部释放的愉悦自我的化学物质）的释放，缓解压力。运动还可以缓解焦虑和促进睡眠。研究证明他们是情绪增强剂。健康饮食和日常锻炼可以帮助你平衡生活和情绪
- 休息：当你在工作中感觉到同情时，在确保你的病例已被很好护理后，让自己离开一小会儿进行休息。外出散步或去休息室。不论你去哪里，使用深呼吸积极地自我暗示平复自己的心情
- 与专业人士交谈：有时会因过度关心病例，而无法自我解决心理问题。无须为寻找专业人员帮助而感到羞愧。这还可以为其他需要寻求帮助的人做出榜样。与他人交谈使自己脱离困境是值得自我赞赏的

对于你和客户，你的工作可能十分重要。在面对疾病时，你有能力照顾好你的客户和患病动物。你要像照顾患病动物一样照顾

自己，这样你才能持续享受自己的工作生涯。

附加阅读

Adams CL, Bonnett BN, Meek AH. 2000. Predictors of owner response to companion animal death in 177 clients from 14 practices in Ontario. *J Am Vet Med Assoc* 217:1303-9.

Arnetz BB. 1997. Physicians' view of their work environment and organization. *Psychother Psychosom* 66:155-62.

Bartholomew J, Morrison D, Ciccolo JT. 2005. Effects of acute exercise on mood and well-being on patients with major depressive disorder. *Med Sci Sports Exerc* 37(12):2032-7.

Cohen S. 2002. Can pets function as family members? *West J Nurs Res* 24(6):621-38.

Cohen S. 2007. Compassion fatigue and the veterinary health team. *Vet Clin North Am Small Anim Pract* 37:123-34.

Figley CR, Roop RG. 2006. *Compassion Fatigue in the Animal-Care Community*. Washington, DC: Humane Society Press.

Kubler-Ross E. 1969. *On Death and Dying*. New York: Collier Books/Macmillan.

Lagoni L, Hetts S. 1990. Bereavement. In: McCurnin D (ed.), *Clinical Textbook for Veterinary Technicians* (2nd Ed.). Philadelphia: Saunders.

Lagoni L, Butler C, Hetts S. 1994. *The Human-Animal Bond and Grief*. Philadelphia: Saunders.

Mehrabian A. 1972. *Nonverbal Communication*. Chicago, IL: Aldine-Atherton.

Mitchener K，Ogilvie GS. 2002. Understanding compassion fatigue：Keys for the caring veterinary healthcare team. *J Am Anim Hosp Assoc* 38:307-10.

Swanson TR，Swanson MJ. 1977. Acute uncertainty：The intensive care unit. In：Pattison EM（ed.），*The Experience of Dying*. Englewood Cliffs，NJ：Prentice Hall，pp. 245-51.

Worden，JW. 1991. *Grief Counseling and Grief Therapy*（2nd Ed.）. New York：Springer.

词　汇　表

首字母缩略词 Acronym：

用短语或名称的首字母组成的缩写。

急性肿瘤溶解综合征 Acute tumor lysis syndrome：

肿瘤细胞破裂，肿瘤细胞内容物释放到血液中引起的综合征。该综合征会改变血清电解质正常平衡，是危急的，有时是致命的。

腺瘤 Adenoma：

起源于皮肤、消化道或泌尿道内层或腺体的良性肿瘤。

过敏反应 Anaphylaxis：

急性、多器官的严重过敏反应。

贫血 Anemia：

血液中红细胞数或血红蛋白数减少。

拟人化 Anthropomorphize：

将人类的特性赋予动物。

预期悲伤 Anticipatory grief：

因离去即将到来，导致日常生活的剧烈变化。

凋亡 Apoptosis：

活细胞死亡。

听诊 Auscultate：

听由身体产生的声音。

良性 Benign：

自限生长、不进犯临近组织、不扩散至远端组织（转移）的肿瘤。

生物安全柜 Biological safety cabinet (BSC):

一个通风的封闭工作空间,用于防护危险物质及活的致病微生物污染。

体表面积 Body surface area:

体表皮肤的面积。因为很难测量,通常是由基于体重的公式计算获得。

蝴蝶针 Butterfly catheter:

一种连有塑料翼片和短延长管的钢针。

癌症 Cancer:

一类有细胞生长失控、侵袭局部组织和有时转移的疾病。

癌 Carcinoma:

起源于皮肤、消化道或泌尿道内层细胞或腺体的恶性肿瘤。

头静脉 Cephalic vein:

位于前肢的、大的浅层静脉。

粗分次放射治疗 Coarsely fractionated radiation therapy:

将总剂量的放射治疗分成几次大的剂量,以减少放疗次数。

同情疲劳 Compassion fatigue:

同情心随之时间推移而减少。患者可以表现出无望、乐趣减少、持续的压力和焦虑及消极态度。

全血细胞计数 Complete blood count (CBC):

一种检查红细胞、白细胞和血小板数量、大小、形状和外观的血液测试。

完全缓解 Complete response (CR):

所有的癌症证据消失。

浓缩废物 Concentrated waste:

在配置化疗药物和给予化疗药物时产生的废物,如原始的药瓶或制备过程中与浓缩药物接触的注射器和针头。

污染废物 Contaminated waste：

配置化疗和给予化疗时产生的附带废物，如手套、防护衣、注射器和输液袋。

禁忌症 Contraindication：

药物、医疗程序或某些特定活动等因素带来的特定增加风险。

膀胱炎 Cystitis：

膀胱的炎症。

膀胱穿刺 Cystocentesis：

通过腹壁将针刺入膀胱移除尿液或收集尿液样本。

细胞毒性 Cytotoxic：

对于细胞有毒。

运输部 Department of Transportation (DOT)：

北美负责交通运输的部门。他是美国最大的负责交通的部门，监督州际间运输。美国所有的州、加拿大省和许多地方机构有类似的组织。

脱落 Desquamation：

皮肤组织最外层的膜或层的脱落，如皮肤。

稀释剂 Diluent：

稀释剂，常为水、盐水溶液或葡萄糖溶液。

背棘突 Dorsal spinous process：

动物脊椎骨的突起。

缉毒署 Drug Enforcement Agency (DEA)：

美国司法部下属的一个执法机构，负责打击美国境内的走私和使用毒品。

电解质溶液 Electrolyte solution：

一种含有如钠、钾或氯化物等各种离子的溶液，可以调节水分子在细胞膜上的流向。

同感 Empathy：

能够站在他人的角度上，不需要自己的实际经历而在情感和智力层面上理解他们所经历的事情。

环境保护局 Environmental Protection Agency (EPA)：

美国联邦政府的一个机构，负责保护人类健康和环境。

外渗 Extravasation：

血液或注射药物出现在血管外。

发热 Febrile：

出现发烧。

细针抽吸 Fine needle aspiration：

一种使用细小的针头从肿瘤组织中取样的技术。

分级 Grade：

肿瘤分级是一种用于对癌细胞在显微镜下的异常情况进行分类的系统，它可以预测肿瘤的生长和转移速度。

革兰氏阴性/革兰氏阳性 Gram-positive/gram-negative：

鉴别细菌的染色技术。革兰氏染色阳性菌吸收染色剂；革兰氏染色阴性细菌不吸收染色剂。

血管肉瘤 Hemangiosarcoma：

起源于血管组织的恶性肿瘤。

出血性 Hemorrhagic：

以出血为特征。

高效空气微粒过滤器 High efficiency particulate air (HEPA) filter：

一种高效空气过滤器，用于过滤空气中的微生物和微粒。

组胺释放 Histamine release：

组胺参与局部和全身免疫应答。作为对外来病原体的免疫应答（过敏反应）的一部分，组胺释放并触发炎症反应。

高血钙症 Hypercalcemia：

血钙水平异常升高。

病灶内注射 Intralesional：

注入病变组织，通常是指药物直接注射进入肿瘤。

肌肉注射 Intramuscular (IM)：

药物注射进入肌肉。

静脉注射 Intravenous (IV)：

药物注射入或输入血管。

干眼症 Keratoconjunctivitis sicca：

眼睛干燥——拉丁语字面的意思是“角膜和结膜的干燥”。

侧卧 Lateral recumbency：

患病动物侧躺。

外侧隐静脉 Lateral saphenous vein：

后肢的侧(外)方的一条大浅静脉。

白血病 Leukemia：

骨髓或血液的癌症。

鲁尔锁 Luer lock：

一种标准化的液体注射管件系统，用于在医疗器械和实验室仪器之间进行无泄漏连接，包括注射器、活栓和针头。鲁尔锁是BD注册商标。

淋巴瘤 Lymphoma：

淋巴细胞的恶性肿瘤，淋巴细胞是白细胞的一种。

恶性 Malignant：

恶性肿瘤的生长无自限性，有侵入邻近组织的能力，并可传播到远处的组织(转移)。

肥大细胞瘤 Mast cell tumor：

一种通常位于皮肤或皮下组织的恶性肿瘤，来源于称为肥大细胞的白细胞。

内隐静脉 Medial saphenous vein：

下肢内侧的一条大浅静脉。

黑色素瘤 Melanoma：

由黑色素细胞衍生的恶性或良性肿瘤；皮肤和黏膜中含有色素的细胞。

间皮瘤 Mesothelioma：

腹部和胸部的细胞内衬的恶性肿瘤。

代谢物 Metabolite：

体内代谢反应产生的任何物质，包括由药物代谢转化形成的化合物。

转移 Metastasis：

癌症从身体的一个部位蔓延到另一个部位。

美国国家职业安全与健康研究所 National Institute for Occupational Safety and Health (NIOSH)：

美国联邦负责进行研究并提出预防工伤和疾病建议的机构。

嗜中性粒细胞减少症 Neutropenia：

嗜中性粒细胞数量异常降低。

嗜中性粒细胞 Neutrophils：

又称粒细胞（"嗜中性粒细胞"的简称，形容颗粒样的细胞核）；足够的白细胞是机体免疫系统的重要组成。嗜中性粒细胞主要负责防护细菌感染。

非甾体类抗炎药 Nonsteroidal anti-inflammatory drug：

一种具有控制疼痛、减少发热和消炎作用的药物，它既不是类固醇，也不是麻醉药。

生理盐水 Normal saline：

0.9％的氯化钠溶液。

核管理委员会 Nuclear Regulatory Commission (NRC)：

美国政府机构，负责监督核反应堆的安全和安全、反应堆许可和更新、放射性物质安全、安全和许可以及乏燃料管理。

职业安全与健康管理局 Occupational Safety and Health Administration (OSHA)：

美国劳动部的一个机构，其任务是通过颁布和执行工作场所安全和健康标准来防止工伤、疾病和职业死亡。

骨肉瘤 Osteosarcoma：

起源于骨细胞的恶性肿瘤。

留置针 Over-the-needle catheter：

用于较长时间地注入外周静脉。在留置针导管的针插入静脉后，导管随之滑入静脉，之后针头被取出。

姑息治疗 Palliative treatment：

以缓解临床症状减轻癌症和其他危及生命的疾病所造成的痛苦为目的的治疗。

副肿瘤综合征 Paraneoplastic syndrome：

癌症在体内存在造成的一种疾病或临床体征，但它不是由于癌细胞的局部存在所致。

部分缓解 Partial response (PR)：

肿瘤明显萎缩，但没有完全消失。

通畅 Patency：

阻塞打开并解除的状态。

口服 Per os (PO)：

通过口吃入。

血管周围 Perivascular：

在血管周围。

个人防护设备 Personal protective equipment (PPE)：

用于保护个人不受与处理潜在危险物质相关的健康风险的设备。

血小板 Platelets：

参与血液凝集的血细胞。

多饮 Polydipsia：

口渴增加。

多尿 Polyuria：

排尿增加，通常是由于尿液过度生成所致。

疾病发展 Progressive disease (PD)：

癌症严重恶化。

脉搏缺失 Pulse deficit：

出现心音时没有明显脉搏(或显著的脉搏质量改变)。脉搏缺失通畅提示心脏问题，需要及时告知兽医师。

生存质量 Quality of life：

幸福感的程度。它由两个部分组成：疼痛和苦难。疼痛是一种身心的感觉；苦难为享受生活的能力。

核对病史表 Recheck history form：

核对原始的病史记录，用于安排下一次预约就诊。

红细胞 Red blood cell：

血液中负责携带氧气到组织的细胞。

反述 Reflection：

向客户解释他们所说的话，不仅专注于交谈的内容，还要关注客户表达的感情。

资源保护与回收法案 Resource Conservation and Recovery Act (RCRA)：

美国重要的规定处置固体废弃物和危险废物的联邦法律。

肉瘤 Sarcoma：

源自结缔组织的恶性肿瘤。这些组织包括骨骼、软骨、纤维结缔组织、脂肪、肌肉、神经和血管周围的组织。

自我表露 Self-disclosure：

与你的客户分享你所面临的类似的经验，这可以帮助客户减少孤独感和平复他们的心情。

脓毒性 Septic：

在感染的情况下，出现全身性炎症状态。

浆液 Serosanguinous fluid：

含有血液和血清的液体。

软技能 Soft skills：

性格特质、社交礼仪、交际、语言、个人习惯、友善和乐观等与他人关系的特征，这些可以有效地和礼貌地处理人和事。

疾病稳定 Stable disease (SD)：

癌症没有好转，但也没有明显恶化的情况。

分期 Stage：

描述癌症（通常使用 I-IV）在身体扩散程度的指标。

标准操作规程 Standard operating procedure (SOP)：

为了达到统一而制定的、详细的书面说明。

胸骨侧卧 Sternal recumbency：

胸骨卧（背腹位）。

胸骨 Sternum：

位于胸部中心的长扁骨或骨群。

皮下注射 Subcutaneous (SQ)：

注射到皮肤之下。

手术切缘 Surgical margin：

当肿瘤活检或手术切除时，外科医生也取出肿瘤周围的一些正常组织。正常组织外边缘与肿瘤本身之间的组织边界称为手术边缘。

心动过速 Tachycardia：

异常的高心率。

治疗指数 Therapeutic index：

药物治疗剂量与毒性剂量之间的比值。

血小板减少症 Thrombocytopenia:

血小板数量异常减少。

肿瘤 Tumor:

细胞异常生长引起的肿胀,可以是良性或恶性。

白细胞计数 White blood cell count:

血液中白细胞的数量。

静脉穿刺 Venipuncture:

为静脉注射或获得静脉血标本而穿刺静脉的过程。

糜烂剂 Vesicant:

导致组织糜烂的物质。糜烂性毒剂是可与蛋白质、DNA及其他细胞成分发生高度反应的化学物质,它可造成破坏性的细胞变化。

索　　引